本书受国家社科基金青年项目"碳解锁实现制造业绿色化改造的机理与路径研究"（项目编号：21CJY029）、盐城工学院学术著作出版基金以及盐城市重点培育新型智库"盐城产业经济研究院"资助出版。

产业协同集聚
对雾霾污染的影响
效应研究

蔡海亚◎著

中国社会科学出版社

图书在版编目（CIP）数据

产业协同集聚对雾霾污染的影响效应研究/蔡海亚著.
—北京：中国社会科学出版社，2023.8
ISBN 978-7-5227-2474-4

Ⅰ.①产… Ⅱ.①蔡… Ⅲ.①产业集群—影响—空气
污染—污染防治—研究—中国 Ⅳ.①X51

中国国家版本馆 CIP 数据核字（2023）第 155139 号

出 版 人	赵剑英	
责任编辑	任睿明	刘晓红
责任校对	周晓东	
责任印制	戴 宽	

出　　版	中国社会科学出版社	
社　　址	北京鼓楼西大街甲 158 号	
邮　　编	100720	
网　　址	http://www.csspw.cn	
发 行 部	010-84083685	
门 市 部	010-84029450	
经　　销	新华书店及其他书店	
印　　刷	北京君升印刷有限公司	
装　　订	廊坊市广阳区广增装订厂	
版　　次	2023 年 8 月第 1 版	
印　　次	2023 年 8 月第 1 次印刷	
开　　本	710×1000　1/16	
印　　张	13.5	
字　　数	205 千字	
定　　价	69.00 元	

凡购买中国社会科学出版社图书，如有质量问题请与本社营销中心联系调换
电话：010-84083683

前　言

随着全球人口的持续增长和大多数发展中国家的快速工业化和城市化，化石能源消费需求也急剧增长，造成了全球生态环境的严重恶化。这一现象引起了众多国际组织的关注，特别是 1987 年，世界环境与发展委员会（WCED）主席挪威首相布伦特兰夫人发表了著名的《我们共同的未来》报告，并获得第 42 届联合国大会通过，"可持续发展"思想在全世界得到重视。随后，2012 年于巴西里约热内卢再次召开联合国可持续发展会议（Rio+20）。此次会议集中讨论了"绿色经济在可持续发展和消除贫困方面作用"和"可持续发展的体制框架"两个主题。联合国 193 个会员国在 2015 年 9 月举行的历史性首脑会议上一致通过了《2030 年可持续发展议程》，并于 2016 年 1 月 1 日正式启动。自此，为世界各国在 15 年内实现全球的可持续发展指明了方向。

可持续发展已成为人类生存和发展的核心问题，保护环境关系到人类的前途和命运，已成为当今世界各国共同面临的严重问题。中国作为世界第二大经济体和第一大能源消费国，高度重视经济可持续发展。习近平总书记在党的十九大报告指出，我们要建设的现代化是人与自然和谐共生的现代化，既要创造更多物质财富和精神财富以满足人民日益增长的美好生活需要，也要提供更多优质生态产品以满足人民日益增长的优美生态环境需要。必须坚持节约优先、保护优先、自然恢复为主的方针，形成节约资源和保护环境的空间格局、产业结构、生产方式、生活方式，还自然以宁静、和谐、美丽。党的二十大报告将"人与自然和谐共生的现代化"上升到"中国式现代化"的内涵之一，再次明确了新时代中国生态文明建设的战略任务，总基调

1

是推动绿色发展，促进人与自然和谐共生，要推进美丽中国建设，坚持山水林田湖草沙一体化保护和系统治理，统筹产业结构调整、污染治理、生态保护、应对气候变化，协同推进降碳、减污、扩绿、增长，推进生态优先、节约集约、绿色低碳发展。制造业是国民经济的主体，是立国之本、兴国之器、强国之基。历经四十余年的高速增长，中国已成为世界上最大的制造业国家，但在经济快速发展过程中也出现了不可忽视的环境污染问题。改革开放以来，依托廉价劳动力、丰裕资源禀赋以及贸易开放催生的政策红利，中国在产品加工、组装环节获得比较优势，积极融入全球价值链分工体系，承担着世界"制造工厂"的角色，创造了令全球为之惊叹的"中国奇迹"。遗憾的是，这种分工体系将中国制造业锁定在全球价值链低端，极大地阻碍了制造业高质量发展的同时，也带来了不同程度的大气污染问题。尤其是可吸入肺部颗粒物污染（PM2.5），已经成为中国大多数城市面临的一个极其严峻的挑战，需要进一步实施一系列调控措施，对主要污染源实行动态调控，从而减轻雾霾污染。

随着经济社会发展的不断深入，处于转型期的中国经济开始出现阶段性新特征，其中产业协同发展现象尤为突出，表现在生产性服务业高度集聚的地区其制造业也较为发达，反映了产业集聚并非单一产业在地理空间上不断汇聚的过程，而是伴随着相关产业的协同集聚。随着经济全球化和国际分工的日益深入，生产性服务业与制造业的协同互动已经成为世界经济发展的趋势，也是中国打造高端制造业与现代服务业的必由之路。近年来，中国政府相继出台了《关于加快制造业服务化的若干意见》《装备制造业调整和振兴规划》《中国制造2025》，将推动生产性服务业与制造业协同发展上升至国家战略层面。随着生产性服务业的快速发展，加之地方政府"双轮驱动"战略的推动，传统制造业专业化集聚已逐步过渡为生产性服务业与制造业协同集聚发展模式，并成为绝大多数地区产业经济发展的常态。

产业协同集聚不仅是多个产业在地理空间上的快速集聚，也伴随着相互关联产业间的协同集聚。因此，生产性服务业与制造业协同集聚具有产业关联和空间关联双重属性，同时两者不是孤立存在的。新经济地理学认为，产业在特定空间范围内的集聚存在显著的规模经济特征和各种外溢效应，有利于企业集中生产、集中治污、集约经营以及对环境的集中消耗，并且生产性服务业与制造业的协同发展有助于提升制造业效率。生产性服务业具备高成长性、高科技含量、高附加值、高人力资本等特点，贯穿制造业生产价值链的全部环节，在自身发展的同时通过产生竞争效应、学习效应、专业化效应以及规模经济效应多方面对制造业的产业升级、效率提高形成飞轮效应，又对环境资源的消耗产生抑制性。显然，生产性服务业与制造业协同集聚与雾霾污染的内在关系有待检验。

本书的撰写立足于处于转型期的中国经济开始出现阶段性的新特征，从产业关联角度和空间关联角度出发，探讨生产性服务业与制造业协同集聚对雾霾污染的作用机制和影响效应，为中国雾霾污染治理找到一个新的研究探索和尝试，即重视"双轮驱动"战略性下生产性服务业与制造业协同集聚对环境污染的影响，力图多角度、多侧面、深层次地介绍生产性服务业与制造业协同集聚对雾霾污染影响的相关理论和知识。

本书共八章，各章节主要内容如下：

第一章，绪论。本章作为本书的导论，交代了选题背景与意义、研究思路与框架、拟解决的关键问题与可能的创新之处、研究方法与技术路径，从总体上把握本书的研究起点、研究内容和预期目标。

第二章，概念界定与相关文献综述。本章作为本书的理论基础之一，主要从生产性服务业与制造业协同集聚的概念内涵、有关生产性服务业与制造业协同集聚的研究、雾霾污染的相关研究、生产性服务业与制造业协同集聚对中国雾霾污染的影响等层面追踪和梳理国内外研究文献，挖掘既有文献的贡献之处以及本书的边际贡献，为全面把握相关领域的研究动态奠定基础。

第三章，生产性服务业与制造业协同集聚对雾霾污染的理论分析。本章作为本书的理论基础之二，主要内容是剖析生产性服务业与制造业协同集聚对雾霾污染的作用机制。首先，对生产性服务业与制造业协同集聚的理论机制与形成条件进行分析；其次，对生产性服务业与制造业协同集聚影响雾霾污染的理论模型进行探讨；最后，从产业关联视角和空间关联视角出发，剖析生产性服务业与制造业协同集聚对雾霾污染的影响机制，为下文的实证分析奠定理论基础。

第四章，中国雾霾污染强度的地区差异与收敛性研究。本章作为本书的现实基础部分，对中国雾霾污染强度的发展现状进行了研究，主要借助泰尔指数测算及其分解方法对中国雾霾污染强度的地区差异进行测算与分解，将总体差异进行三大区域的内部差异和结构差异分解，同时借鉴经济增长中的收敛分析方法，构建雾霾排放收敛模型，定量考察雾霾污染动态累积效应大小，并对中国雾霾污染强度的区域差异进行收敛性研究，以夯实本书的现实基础。

第五章，生产性服务业与制造业协同集聚的省际关联及溢出效应分析。本章作为本书的现实基础部分，从网络结构视角出发，分"生产性服务业与制造业协同集聚的关联关系测度""生产性服务业与制造业协同集聚关联网络的演变格局分析""中国各省份在生产性服务业与制造业协同集聚关联网络中的地位、作用、类型、角色"三个部分展开，尝试通过典型化事实、数据的运算与图表汇报等直观途径，剖析生产性服务业与制造业协同集聚的省际关联及溢出效应，以夯实本书的现实基础。

第六章，产业关联视角下生产性服务业与制造业协同集聚对雾霾污染的影响研究。本章基于产业关联视角，试图将生产性服务业与制造业协同集聚、制造业效率与雾霾污染纳入同一框架，从全国层面、分时段层面、分区域层面、分产业层面出发，采用系统广义矩估计模型实证检验生产性服务业与制造业协同集聚、制造业效率与雾霾污染的内在联系，并探究制造业与不同生产性服务业行业之间的协同集聚对雾霾污染的影响。

第七章，空间关联视角下生产性服务业与制造业协同集聚对雾霾污染的影响研究。本章基于空间关联视角，试图将生产性服务业与制造业协同集聚、贸易开放与雾霾污染纳入同一框架，构建空间计量模型和面板门槛模型，从全国层面和分时段层面出发，实证检验生产性服务业与制造业协同集聚、贸易开放与雾霾污染的内在联系，并探究基于不同的贸易开放门槛，生产性服务业与制造业协同集聚对雾霾污染的影响。

第八章，主要结论与政策建议。本章对本书内容进行总结，给出本书的主要研究结论，为矫正产业发展中的棘轮效应以及实现雾霾污染治理提供有针对性、落地的政策建议，并总结本书的不足之处与未来展望。

本书以党的二十大精神为遵循，即以"绿水青山就是金山银山"理念为引领，以"降碳、减污、扩绿、增长"为关键举措，以"生态优先、节约集约、绿色低碳发展"为抓手，不断加快美丽中国建设进程，为实现碳达峰、碳中和"举旗定向"，有效缓解经济高速增长引发的生态负债、环境透支问题，进一步提出行之有效的对策建议。在撰写本书的过程中，受到了多方面的支持和鼓励。本书的出版得到了国家社科基金青年项目"碳解锁实现制造业绿色化改造的机理与路径研究"（项目编号：21CJY029）、盐城工学院学术著作出版基金以及盐城市重点培育新型智库"盐城产业经济研究院"资助。同时，本书也是盐城工学院公共安全与应急管理研究中心、盐城工学院哲社类"揭榜挂帅"任务的阶段性研究成果。同时，衷心感谢东南大学经济管理学院博士生导师徐盈之教授对本书的悉心指导和大力支持。

此外，本书的出版得到了中国社会科学出版社的大力支持。感谢中国社会科学出版社各位老师的辛勤付出。本书在写作过程中参阅了大量的文献资料，汲取了众多国内外环境经济、产业经济、区域经济方面专家以及学者最新研究成果的丰富营养，在此对本书引用的文献资料的原作者表示衷心感谢！由于作者水平和时间有限，书中难免有不妥和疏漏之处，恳请专家与读者批评指正。

蔡海亚

2023 年 5 月 10 日

摘　　要

　　党的二十大报告中指出，推动绿色发展，促进人与自然和谐共生。尊重自然、顺应自然、保护自然，是全面建设社会主义现代化国家的内在要求。必须牢固树立和践行"绿水青山就是金山银山"的理念，站在人与自然和谐共生的高度谋划发展。改革开放以来，要素驱动与投资驱动并举的政策创造了令世界瞩目的"中国奇迹"。然而，中国经济的高增长是以高能耗和高排放为代价的，高能耗与低能效形成的叠加效应导致了生态环境的大规模恶化。尤其是近年来雾霾污染肆意频发，严重威胁着社会经济的稳步运转和广大居民的身心健康。但是，随着经济社会发展的不断深入，处于转型期的中国经济开始出现阶段性的新特征，其中产业协同集聚发展现象尤为突出，表现在生产性服务业高度集聚的地区其制造业也较为发达，反映了产业集聚并非单一产业在地理空间上不断汇聚的过程，而是伴随着相关产业的协同集聚。随着经济全球化和国际分工的日益深入，生产性服务业与制造业协同集聚已经成为世界经济发展的重要趋势，也是中国打造高端制造业与现代服务业的必由之路，在此背景下探究生产性服务业与制造业协同集聚对雾霾污染的影响具有重要的现实意义。

　　本书在研究对象上选取除西藏和港、澳、台地区以外的 30 个省份，以生产性服务业与制造业协同集聚为突破口，突破单一产业集聚视角的限制，并从产业关联视角和空间关联视角论述和检验生产性服务业与制造业协同集聚对我国雾霾污染的作用机制和影响效应，同时也为我国矫正产业棘轮效应和实现雾霾污染治理提出有针对性的对策措施。主要研究结论如下。

　　（1）测算和分解了雾霾污染强度的地区差异，并对其进行收敛性检验。本书指出：①雾霾污染强度表现出明显的区域差异特征，东部地区的泰尔指数最高，西部地区次之，中部地区最低，并且区内差异的贡献率远大于区间差异的贡献率，三大地区内部发展的非均衡是雾霾污染强度产生差异的主要动因。②从总体层面来看，雾霾污染强度存在 σ 收敛和 β 收敛，雾霾动态累积效应、能源效率、机动车辆、环境规制、城市供暖、城镇化水平等控制变量对雾霾污染强度的收敛具有显著影响。③从区域层面来看，三大地区存在 σ 收敛、β 收敛和俱乐部收敛，但不同地区所呈现的收敛特征大相径庭，控制变量的显著程度不尽相同。

（2）测算了生产性服务业与制造业协同集聚的关联关系，研究生产性服务业与制造业协同集聚关联网络的演变格局，并剖析了各省份在生产性服务业与制造业协同集聚关联网络中的地位、作用、类型、角色。本书指出：①从网络整体特征来看，中国省际生产性服务业与制造业协同集聚关联网络总数与网络密度均呈现先升后降的发展态势，省际生产性服务业与制造业协同集聚的关联关系具有显著的网络结构。②从网络中心性特征来看，仅有 9 个省份点度高于中心度平均值，6 个省份高于中间中心度平均值，9 个省份高于接近中心度平均值。③第 I 板块、第 II 板块内的省份主要集中分布在经济较为发达、生产性服务业与制造业十分密集的环渤海、长三角和珠三角地区，其中北京、天津、上海和广东 4 个省份落在第 I 板块内，扮演着"净溢出板块"的角色，江苏、山东、福建、浙江落在第 II 板块内，扮演着"双向溢出板块"的角色。第 III 板块、第 IV 板块主要由中西部地区的省份组成，其中落在第 III 板块内的省份有河北、山西、内蒙古、黑龙江、湖南、四川、贵州、云南和陕西，扮演着"经纪人板块"的角色，而其余 12 个省份落在第 IV 板块内，扮演着"主受益板块"的角色。

（3）从产业关联视角出发，实证检验生产性服务业与制造业协同集聚对雾霾污染的影响。本书指出：①从全国层面来看，生产性服务业与制造业协同集聚、制造业效率及其两者的交互项对雾霾污染的估计系数均显著为负，表明生产性服务业与制造业协同集聚水平和制造业效率的提升有助于抑制雾霾污染，同时生产性服务业与制造业协同集聚可以通过提升制造业效率来进一步降低雾霾污染。②从分时段层面来看，制造业效率、生产性服务业与制造业协同集聚存在消化吸收的过程，在初期对抑制雾霾污染不显著，但随着时间的推移，抑制作用逐渐显著。③从区域层面来看，生产性服务业与制造业协同集聚、制造业效率以及两者的交互项对内陆地区雾霾污染的抑制作用大于沿海地区。④从行业层面来看，信息传输、计算机服务及软件业与制造业协同集聚对雾霾污染的抑制作用高于其他四个配对组合，但现阶段金融业、房地产业以及科学研究、技术服务和地质勘查业与制造业的协同集聚发展水平不高，对雾霾污染的抑制作用不显著。

（4）从空间关联视角出发，实证检验生产性服务业与制造业协同集聚对雾霾污染的影响。本书指出：①生产性服务业与制造业协同集聚对雾霾污染存在明显的改善作用，在剔除了加工贸易后，贸易开放对改善雾霾污染具有实质性的转变。②生产性服务业与制造业协同集聚和贸易开放交叉项对雾霾污染存在负向影响，即贸易开放通过提高生产性服务业与制造业协同集聚水平来间接制约集聚负外部性对雾霾污染的影响。③分时段检验发现，贸易开放与生产性服务业与制造业协同集聚存在消化吸收的过程，在初期对雾霾污染的抑制作用不显著，但随着时间的推移，抑制作用变得显著。④贸易开放和生产性服务业与制造业协同集聚对雾霾污染的作用因两者发展的不匹配而存在门槛效应，在不同的贸易开放下，生产性服务业与制造业协同集聚对地区雾霾污染的影响差异较大。

最后，基于本书的研究结论提出下列政策建议：①打好污染治理的组合拳，推动多策齐放的治霾模式。一是推动能源革命，采取多方位的雾霾治理手段。二是促进区际协作，构建区域联防联控治理机制。三是推动政府减排，加大环境规制力度。四是保持相对公平，构建区域治霾补偿机制。②把握生产性服务业与制造业协同集聚空间关联特征，优化生产性服务业与制造业协同集聚关联网络结构。一是深入了解生产性服务业与制造业协同集聚关联关系及其网络结构特征。二是调整和优化生产性服务业与制造业协同集聚的关联网络结构，提升生产性服务业与制造业协同集聚配置效率。三是因地制宜、实施差别化的方针政策，实现生产性服务业与制造业协同集聚的分类管理。③增强关联产业间知识溢出，促进制造业效率提升。一是大力实施《中国制造 2025》发展战略，积极推动先进制造业发展，支持绿色清洁生产，推进传统制造业绿色改造，推动建立绿色低碳循环发展体系。二是以"双轮驱动"发展战略为契机，积极推动生产性服务业与制造业协同集聚发展，加快构建现代产业体系，增强生产性服务业与制造业关联产业间的知识溢出效应，依靠制造业技术进步来提升制造业效率。三是针对不同地区和不同生产性服务业细分行业发展情况制定差异化的方针政策。④破除产业"棘轮效应"，实现贸易开放和生产性服务业与制造业协同集聚的匹配发展。一是推动生产性服务业与制造业的深度融合，破除产业发展中的"棘轮效应"。二是调整粗放型的外贸增长方式，推动外贸由规模型扩张向质量效益型转变。三是破除贸易开放和生产性服务业与制造业协同集聚的"门槛效应"，实现两者的匹配发展。

关键词：生产性服务业；制造业；生产性服务业与制造业协同集聚；雾霾污染

Abstract

The report of the 20th National Congress of the Communist Party of China pointed out that green development should be promoted to promote harmonious coexistence between man and nature. Respecting, adapting to and protecting nature are inherent requirements for comprehensively building a modern socialist country. We must firmly uphold and practice the concept that clean waters and lush mountains are invaluable assets, and plan development from the height of harmonious coexistence between man and nature. Since the reform and opening-up, the factor-driven and investment-driven policy has created a "miracle of China" that has attracted worldwide attention. However, the high growth of China's economy is at the cost of high energy consumption and high emissions. The superposition effect of high energy consumption and low energy efficiency has led to the large-scale deterioration of the ecological environment. Especially in recent years, haze pollution occurs willfully and frequently, which seriously has threatened the steady operation of social economy and the physical and mental health of the general population. However, with the deepening of economic and social development, in the transitional period China's economy has begun to show new characteristics at different stages. Among them, the phenomenon of industrial convergence is particularly prominent. Currently, instead of constantly assembling processes in the geographical space of a single industry, industrial agglomeration involves related industry co-agglomeration, such as more highly concentrated producer services, the more developed the manufacturing industry is. In addition, with the deepening of economic globaliza-

1

tion and international division of labor, the co-operation of producer services and manufacturing has become an important trend in global economic development. It is also the only way to build the high-end manufacturing industry and modern service industry in China. Under this background, it is of great practical significance to explore the impact of synergistic agglomeration of producer services and manufacturing industry on haze pollution.

This book selects 30 provinces except Tibet and Hong Kong, Macao and Taiwan as the research objects. And this book takes the co-agglomeration of producer services and manufacturing industry as a breakthrough point, breaks through the restriction of single industry agglomeration perspective, and discusses and tests the mechanism and effect of co-agglomeration of producer services and manufacturing industry on haze pollution in China from the perspective of industrial and spatial correlation. At last, it also puts forward some suggestions for China to break down the ratchet effect of industry and realize the control of haze pollution. The main conclusions of this book are as follows.

(1) The book has calculated and decomposed the regional differences of haze pollution intensity in China and tested its convergence. This book pointed out that: (ⅰ) Haze pollution intensity in China trends to significant regional differences and the theil index in eastern region is relatively high, central region is less high, west region is lower. The contribution rates of the three intra-regional differences is greater than that of inter-regional differences, and the main reason for the haze pollution intensity differences in China is unbalanced development of the three regions. (ⅱ) From the overall aspect, the results show that there is obvious σ convergence, β convergence existing in China's haze pollution intensity distribution. The control variables like the haze dynamic accumulation effect, energy efficiency, motor vehicles, environmental regulation, urban heating and urbanization level have a significant impact on the convergence of the haze pollution intensity in China. (ⅲ) From the region aspect, the results

show that there are obvious σ convergence, β convergence and club convergence existing in the three areas. However, the convergence characteristics of different regions have nothing in common with each other and the significant degrees of control variables differ from each other.

(2) This book has calculated the relationship of industrial co-agglomeration, studied the evolution pattern of the association network of co-agglomeration, and analyzed the status, function, type and role of provinces in the association network of co-agglomeration. The results show that: (ⅰ) From the overall characteristics of the network, the total number and network density of China's inter-provincial the co-agglomeration of producer services and manufacturing industry network show a trend of rise before fall, and the relationship of inter-provincial the co-agglomeration of producer services and manufacturing industry has a significant network structure. (ⅱ) From the characteristics of network centrality, only nine provinces have higher point centralities than average, six provinces have higher middle centralities than average, and nine provinces have higher proximity centralities than average. (ⅲ) The provinces in Plate Ⅰ and Ⅱ are mainly concentrated in the regions around Bohai Sea, Yangtze River Delta and Pearl River Delta, where the economy is relatively developed, and manufacturing and productive services are very intensive. Four provinces of Beijing, Tianjin, Shanghai and Guangdong fall in the first plate, playing the role of "net spillover plate", while Jiangsu, Shandong, Fujian and Zhejiang fall in the second plate, playing the role of "two-way spillover plate". Plates Ⅲ and Ⅳ are mainly composed of provinces in the central and western regions. The provinces falling in Plate Ⅲ are Hebei, Shanxi, Inner Mongolia, Heilongjiang, Hunan, Sichuan, Guizhou, Yunnan and Shaanxi, playing the role of "broker plate", while the remaining twelve provinces fall in Plate Ⅳ, playing the role of "main beneficiary plate".

(3) This book empirically examines the relationship between the co-agglomeration and haze pollution based on the perspective of industrial linka-

ges. The results show that: （ⅰ） From the perspective of national level, the estimated coefficients of haze pollution by the co−agglomeration of producer services and manufacturing industry, manufacturing efficiency improvement and their interaction terms are significantly negative, which indicate that the improvement of the co−agglomeration of producer services and manufacturing industry level and manufacturing efficiency is helpful to alleviate haze pollution. At the same time, the co−agglomeration of producer services and manufacturing industry can further reduce haze pollution by improving manufacturing efficiency. （ⅱ） From the perspective of time−division level, the manufacturing efficiency and the co−agglomeration of producer services and manufacturing industry level have not immediately visible negative effect on haze pollution, needing for an absorption and digestion process at the beginning, however, this turns to have a significant inhibitory effect as time goes by. （ⅲ） From the perspective of regional level, the co−agglomeration of producer services and manufacturing industry, manufacturing efficiency improvement and their interaction have greater mitigation effects on haze pollution in inland areas than those in coastal areas. （ⅳ） From the perspective of industry level, the co−agglomeration of information transmission, computer service and software industry with manufacturing industry has a much higher inhibitory effect on haze pollution than that of the other four paired combinations. But at present, the level of co−agglomeration development between financial industry and manufacturing industry, real estate industry and manufacturing industry, scientific research, technical services and geological prospecting industry and manufacturing industry is not high, and it doesn't have a significant inhibition on haze pollution.

（4） This book analyzes the relationship between co−agglomeration and haze pollution based on the perspective of spatial relevance. The results show that: （ⅰ） The co−agglomeration of producer services and manufacturing industry can obviously improve the haze pollution. After deducting the outsourcing trade, the relationship between trade openness and haze pollution has a substantial change. (ii) The cross term of the co–agglomeration of producer services and manufacturing industry and trade openness has negative effects on haze pollution. Trade openness can indirectly affect the effect of the negative externalities of industrial agglomeration on haze pollution by increasing the level of the co–agglomeration of producer services and manufacturing industry. (iii) Time–division test shows that the the co–agglomeration of producer services and manufacturing industry level has not immediately visible negative effect on haze pollution, needing for an absorption and digestion process at the beginning, however, this turns to have a significant inhibitory effect as time goes by. (iv) The influence of haze pollution from the co–agglomeration of producer services and manufacturing industry and trade openness has the threshold effect, due to the mismatch of the co–agglomeration of producer services and manufacturing industry and trade openness. Under the different level of trade openness, the the co–agglomeration of producer services and manufacturing industry has heterogeneity to the regional haze pollution.

Finally, based on the conclusions of this book, the following policy suggestions are put forward: (i) It is helpful to hit the combination blow of pollution abatement and promote haze control model with multi – strategies. Firstly, we should promote the energy revolution and take comprehensive measures to control smog. Secondly, it is necessary to boost interregional cooperation and build a regional joint prevention and control governance mechanism. Thirdly, we need to encourage government emission reduction and strengthen environmental regulation. Fourthly, we should maintain relative fairness and build a regional haze control compensation mechanism. (ii) It is important to grasp the spatial correlation characteristics of industrial synergistic agglomeration and optimize the network structure of industrial synergistic agglomeration. Firstly, we should have a deep understanding of the relationship between productive services and manufacturing industries and the characteristics of their network structure. The second is to adjust and optimize the associated network structure of collaborative agglomeration of producer services and manufacturing industries, and improve the allocation efficiency of collaborative agglomeration of producer services and manufacturing industries. The third is to adjust measures to local conditions and implement differentiated policies to realize the classified management of collaborative agglomeration of producer services and manufacturing industries. (ⅲ) It is beneficial to enhance knowledge spillover among associated industries and promote the efficiency of manufacturing industry. Firstly, we should implement the "Made in China 2025" development strategy vigorously and promote the development of advanced manufacturing industry. We support green and clean production in order to develop the green transformation of traditional manufacturing industry and establish the green low-carbon cycle development system. Secondly, we take the "two-wheel drive" development strategy as an opportunity to actively promote the collaborative development of producer services and manufacturing, accelerate the construction of modern industrial system, enhance the knowledge spillover effect between producer services and manufacturing related industries, and improve the efficiency of manufacturing industry by relying on the technological progress of manufacturing industry. Thirdly, formulate differentiated guidelines and policies for the development of different regions and different segments of productive services. (ⅳ) It is necessary to eliminate the "ratchet effect" of industry and realize the matching development of trade openness and the co-agglomeration of producer services and manufacturing industry. Firstly, we accelerate the deep integration of producer services and manufacturing, and break the "ratchet effect" in industrial development. The second is to adjust the extensive growth mode of foreign trade and promote the transformation of foreign trade from the expansion model to the quality-benefit model. The third is to break the "threshold effect" of trade openness and collaborative agglomeration of producer services and manufacturing industries, in order to realize the matching development of the pro-

6

ducer services and manufacturing industries.

Keywords: Productive Services; Manufacturing Industry; The co-agglomeration of producer services and manufacturing industry; Haze Pollution

目　　录

第一章

绪 论

第一章绪论，主要介绍本书的选题背景与意义、研究思路与框架安排、拟解决的关键问题与可能的创新之处、研究方法与技术路线，尝试从总体上把握本书的研究起点、研究内容和预期目标。

第一节 选题背景与意义

一 选题背景

（一）中国雾霾污染肆意频发，并且污染程度在持续扩张、影响范围甚广、危害程度较大，严重威胁着社会经济的稳步运转和广大居民的身心健康

改革开放以来，要素驱动与投资驱动并举的政策带来了中国经济的高速增长，也创造了令世界瞩目的"中国奇迹"。然而，在传统动能和 GDP 锦标赛思维主导下的经济增长是以大规模的资源消耗、投资刺激政策以及低附加值劳动密集型产品出口为显著特征，致使中国经济增长出现了要素资源扭曲、经济运行效率偏低、环境污染严重等一系列问题，尤其是大气环境质量发生断崖式下降。以欧美为典型的西方发达国家历经百年之久，分三个阶段出现和治理的大气污染问题，在中国近几十年内却压缩性地爆炸式涌现，尤其是在 2013 年以PM2.5（可吸入肺部颗粒物）和 PM10（可吸入颗粒物）为主要成分的雾霾污染物集中在长三角、珠三角、京津冀地区上空肆意频发，雾

霾发生天数占地区全年的 1/3 以上，并且在全国 25 个省份、100 多个大中城市均出现不同程度的雾霾污染天气（陈诗一和陈登科，2018）。

事实上，2013 年国务院"大气十条"的发布带动数以亿计的"治大气"投资，在中央政府的带动下，各省份也积极出台了与大气污染物治理相关的措施，完成中央下发的 PM2.5 环保指标，但雾霾污染问题仅有所缓解，并没有得到根本解决。同时，雾霾也给中国居民带来了严重的健康威胁，如 2013 年北京极端雾霾天气产生的空气污染指数高达 500，PM2.5 和 PM10 污染浓度均大幅超过国家二级标准，远高于世界卫生组织（WHO）所公布的对人体健康的无害标准（25 毫克/立方米），呼吸系统疾病已经跃升为北京疾病死亡的第四大杀手、第三大住院原因（曹彩虹和韩立岩，2015）。除此之外，当前中国经济处于"三期叠加"和"三重冲击"的"新常态"发展阶段，经济下行压力不断增大，无形中加剧了雾霾污染的治理难度，并且对社会经济产生了一系列负面影响。相关学者研究得出，雾霾污染严重阻碍了外商来华投资，国际人才引进，商贸、旅游以及其他服务业的发展，带来的负面影响远超过经济利益的损失（马丽梅和张晓，2014）。

（二）转型期的中国经济呈现出新特征，"双轮驱动"战略下的生产性服务业与制造业协同集聚成为常态，产业协同发展成为趋势

中国作为投资拉动型经济增长的典型国家，自 1978 年推行市场改革与对外开放并举的体制改革以来，不断以积极的姿态主动融入经济全球化的进程中。随着中国制造业"单轮驱动"发展战略的快速推进，制造业总产出在国民生产总值的比重居高不下，依托"人口红利"和贸易开放催生的政策红利，短期内使中国在全球产业分工中确立了"世界制造业工厂"的地位。毋庸置疑的是，制造业"单轮驱动"发展战略在创造了令全球惊叹的"中国奇迹"的同时，也留下了产业结构畸形化发展的后遗症。

值得一提的是，中央和地方政府已经开始意识到问题的严重性，大力推动相对滞后的服务业（尤其是生产性服务业），旨在实现地区产业结构由单一的制造业"单轮驱动"向生产性服务业与制造业

"双轮驱动"进行转变。1978—2016 年，中国第三产业生产总值从 905.1 亿元增长至 384220.5 亿元，第三产业占比从 24.60% 上升到 58.20%，在 39 年里提高了 33.60 个百分点，年均增长 2.23 个百分点。2012 年，我国服务业与制造业占比基本持平，并于 2013 年首次突破 50%，在 2016 年上升至 58.20%，达到历史新高，意味着我国产业结构发生着深刻的变化，正在从以制造业为主导的"工业化时代"向以服务业为主导的"后工业化时代"过渡。除了生活性服务业，金融、知识、科技、人力资本相对较为密集的生产性服务业也发展迅猛，随着劳动分工的不断加深，生产性服务业与制造业上下互通，生产性服务业作为中间投入要素不断融入制造业的全过程中，并全面参与到制造业生产链的各个环节（伍先福，2017）。生产性服务业与制造业之间的融合发展有助于提升制造业的技术进步和生产效率，衍生了一系列"互联网+制造"的智能制造。

（三）"双轮驱动"战略下的生产性服务业与制造业协同集聚和雾霾污染的内在关系有待检验

随着经济社会发展的不断深入，处于转型期的中国经济开始出现阶段性的新特征，其中产业协同集聚发展现象尤为突出，表现在生产性服务业高度集聚的地区其制造业也较为发达，反映了产业集聚并非单一产业在地理空间上不断汇聚的过程，而是伴随着相关产业的协同集聚。随着经济全球化和国际分工的日益深入，生产性服务业与制造业的协同集聚已经成为世界经济发展的重要趋势，也是中国打造高端制造业与现代服务业的必由之路。近年来，我国政府相继出台了《关于加快制造业服务化的若干意见》《装备制造业调整和振兴规划》《中国制造 2025》，将推动生产性服务业与制造业协同发展上升至国家战略层面。随着生产性服务业如雨后春笋般地迅猛发展，加之地方政府"双轮驱动"战略的推波助澜，传统制造业专业化集聚已逐步过渡为生产性服务业与制造业协同集聚发展模式，并且已经成为绝大多数地区产业经济发展的常态。

生产性服务业与制造业协同集聚不仅是多个产业在地理空间上的快速集聚，也伴随着相互关联产业之间的协同集聚。因此，生产性服务业与制造业协同集聚具有产业关联和空间关联的双重属性，并且产业关联与空间关联之间并不是孤立存在的。新经济地理学认为，产业在特定空间范围内的集聚存在显著的规模经济特征和各种外溢效应，有利于企业集中生产、集中治污、集约经营以及对环境的集中消耗，并且生产性服务业与制造业的协同发展有助于制造业效率的提升（唐晓华等，2018）。生产性服务业具备高成长性、高科技含量、高附加值、高人力资本等特点，贯穿制造业生产价值链的全部环节，在自身发展的同时通过产生竞争效应、学习效应、专业化效应以及规模经济效应多方面对制造业的产业升级、效率提高形成飞轮效应，同时也对环境资源的消耗产生抑制性。显然，生产性服务业与制造业协同集聚和雾霾污染的内在关系有待检验。

鉴于上述研究背景，本书瞄准处于转型期的中国经济开始出现阶段性的新特征，即产业协同集聚发展现象尤为突出，表现在生产性服务业高度集聚的地区其制造业也较为发达，进而解读目前我国经济领域和环境领域的两大重要话题——生产性服务业与制造业协同集聚和雾霾污染。考虑到生产性服务业与制造业协同集聚具有产业关联和空间关联的双重属性，本书在研究对象上选取除西藏和港、澳、台地区以外的 30 个省份，从产业关联角度和空间关联角度出发，探讨生产性服务业与制造业协同集聚对雾霾污染的作用机制和影响效应，为我国雾霾污染治理找到一个新的研究思路，即重视"双轮驱动"战略性下生产性服务业与制造业协同集聚对环境污染的影响，为矫正产业发展中的棘轮效应以及实现雾霾污染治理提供理论指导和思路借鉴。

二　选题意义

（一）理论价值

本书通过梳理现有研究文献并结合实证来全面考察生产性服务业与制造业协同集聚对雾霾污染的影响。从产业关联和空间关联角度剖析生产性服务业与制造业协同集聚对雾霾污染的作用机制，并分析生产性服务业与制造业协同集聚和雾霾污染的发展现状。在此基础上，构建计量模型实证分析生产性服务业与制造业协同集聚对雾霾污染的影响效应。因此，本书的理论价值主要体现在以下几点。

1. 进一步丰富和完善产业集聚基础理论体系

目前，传统产业集聚理论的研究对象主要集中在工业集聚、农业集聚、制造业集聚、服务业集聚，而对生产性服务业集聚，尤其是生产性服务业与制造业协同集聚等方面的研究还较为缺乏，不但缩小了产业集聚理论的适用范畴，而且还限制了产业集聚理论的深层次挖掘。本书将生产性服务业与制造业协同集聚作为关注对象，在继承和发扬当前产业集聚理论的同时，也进一步丰富和完善产业集聚基础理论体系。

2. 进一步延伸与拓展雾霾污染治理理论

雾霾污染治理是当今社会悬而未决的难题，本书以推动生产性服务业与制造业"双轮驱动"发展为契机，基于生产性服务业与制造业协同集聚的研究视角，不仅从理论上探究生产性服务业与制造业协同集聚与雾霾污染之间的内在机制，还从产业关联角度、空间关联角度通过实证检验生产性服务业与制造业协同集聚对雾霾污染的影响效应，是对雾霾污染治理理论的有益延伸与拓展。

（二）现实价值

本书基于"双轮驱动"发展战略背景下生产性服务业与制造业协同集聚对我国雾霾污染的作用机制及其影响效应，在此基础上探讨我国实现雾霾污染治理的可行性和有效性对策措施。因此，本书的现实价值主要体现在以下几点。

1. 为我国实现雾霾污染治理提供理论指导和思路借鉴

随着中国经济进入新常态阶段，资源、人口和土地的红利逐步褪去，经济告别了两位数的高速增长，下行至7%—8%的速度，进而转入了次高增长阶段，要实现经济高质量，就必须重视环境保护，将其作为经济发展的底线和目标。环境保护是一个复杂的系统工程，不仅是一个学术问题，更是一个社会问题。本书以现实问题为导向，紧紧围绕生产性服务业与制造业协同集聚对雾霾污染的影响这一中心命题展开，从产业关联角度和空间关联角度分析生产性服务业与制造业协同集聚对我国雾霾污染的影响，为我国实现雾霾污染治理提供理论指

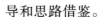

导和思路借鉴。

2. 为我国实现环境保护和经济增长"双重红利"提供支撑

党的十九大报告中提出，当前建设的现代化是人与自然和谐共生的现代化，在创造更多物质财富、精神财富以满足人民日益增长的美好生活需要的同时，也需要大力发展更多优质生态产品以满足人民日益增长的良好生态环境需要。党的二十大报告中提出，以"绿水青山就是金山银山"理念为引领，以"降碳、减污、扩绿、增长"为关键举措，以"生态优先、节约集约、绿色低碳发展"为抓手，不断加快美丽中国建设进程，为实现碳达峰、碳中和"举旗定向"，有效缓解经济高速增长引发的生态负债、环境透支问题。本书以生产性服务业与制造业协同集聚对雾霾污染的影响为研究对象，尝试从产业关联角度和空间关联角度来实现雾霾污染的有效防治，并提出促进我国生产性服务业与制造业协同集聚和有效治理雾霾污染的针对性对策措施，为相关政策的制定提供可选择的政策菜单，实现我国环境保护和经济增长的"双重红利"。

第二节　研究思路与框架

一　研究思路

本书遵循发现问题—分析问题—解决问题的研究逻辑，从研究思路的出发点（为什么研究这个问题）、研究思路的内在逻辑（如何研究这个问题）以及研究思路的落脚点（得到怎样的研究结论）三个维度厘清研究思路。

（一）研究思路的出发点

当前，雾霾污染持续扩张，影响范围甚广，危害程度较大，严重威胁着社会经济的稳步运转和广大居民的身心健康，而现阶段我国雾霾污染治理却存在治理难度大和治理效果不显著等诸多问题。究竟是什么导致我国雾霾污染未得到有效治理？随着经济社会发展的不断深入，处于转型期的中国经济开始出现阶段性的新特征，产业集聚并非单一产业在地理空间上不断汇聚，而是伴随着相关产业的协同集聚，尤为突出的现象是生产性服务业高度集聚的地区其制造业也较为发达。这就引起本书的思考：生产性服务业与制造业协同集聚的理论机制是什么？生产性服务业与制造业协同集聚是否是改善雾霾污染的重要因素？如果是，那么具体的作用机制是什么？又该如何破解？

（二）研究思路的内在逻辑

长期以来，如何厘清产业集聚与环境污染间的作用机制及其相互关系，从而实现环境发展与经济发展的互利共赢，一直是我国悬而未决的重大难题之一。改革开放至今，集聚经济产生的规模经济效应和技术溢出效应，极大地促进了企业和地区相关产业创新能力的攀升，创造了"中国奇迹"。产业集聚作为新时期经济发展的一种常见经济现象，在加速区域经济腾飞发展的同时，也不可避免地带来了环境污染问题（邹继武，2016），尤其是近年来大面积爆发的雾霾污染。于是，如何谋求产业集聚、经济增长与环境保护三者之间的协调发展，已经成为政府和学者亟待解决的问题。因此，如何有效平衡产业集聚和雾霾污染之间的关系是有效控制雾霾污染的必由之路。

新常态背景下，产业协同集聚发展成为经济发展的常态，不断衍生出多种新的产品与新的服务，尤其是生产性服务业与制造业之间的协同发展在一定程度上有效促进了制造业技术水平的改进和生产效率的提升。一个典型性事实是，国外经济发达国家（地区）均不约而同地实现了现代服务业与先进制造业的"双轮驱动"发展，通过产业之间的协同集聚加速地区产业结构布局、促进产业结构转型升级（陈建军等，2016）。近年来，我国诸多城市也开始大力推动生产性服务业的快速发展，促使城市产业结构从单一的制造业驱动向多元的制造业与服务业"双轮驱动"过渡。生产性服务业与制造业协同集聚作为产业融合创新现实空间平台，已逐步成为未来加快地区经济腾飞、提升生产效率以及提高管理水平的核心动力。生产性服务业与制造业协同集聚作为产业集聚经济的延伸与拓展，必定与雾霾污染存在较为密切的关系。

（三）研究思路的落脚点

本书拟从"双轮驱动"发展战略视角出发，考虑到生产性服务业与制造业协同集聚具有产业关联和空间关联的双重属性，从生产性服务业与制造业协同集聚入手，从产业关联和空间关联两个维度出发，探讨生产性服务业与制造业协同集聚对雾霾污染的作用机制及其影响效应，为在更深层次上实现中国雾霾污染治理探寻一个新的研究视角，有助于矫正产业发展中的棘轮效应，提出有关雾霾污染治理落地性的政策建议。

二　研究框架

本书的研究内容分为以下八个章节，各章节之间的关系如下所述。

第一章，绪论。本章作为本书的导论，交代了选题背景与意义、研究思路与框架、拟解决的关键问题与可能的创新之处、研究方法与技术路径，从总体上把握本书的研究起点、研究内容和预期目标。

第二章，概念界定与相关文献综述。本章作为本书的理论基础之一，主要从生产性服务业与制造业协同集聚的概念内涵、有关生产性服务业与制造业协同集聚的研究、雾霾污染的相关研究、生产性服务业与制造业协同集聚对我国雾霾污染的影响等层面来追踪和梳理国内外研究文献，挖掘既有文献的贡献之处以及本书的边际贡献，为全面把握相关领域的研究动态奠定基础。

第三章，生产性服务业与制造业协同集聚对雾霾污染的理论分析。本章作为本书的理论基础之二，主要内容是剖析生产性服务业与制造业协同集聚对雾霾污染的作用机制。首先，对生产性服务业与制造业协同集聚的理论机制与形成条件进行分析；其次，对生产性服务业与制造业协同集聚影响雾霾污染的理论模型进行探讨；最后，从产业关联视角和空间关联视角出发，剖析生产性服务业与制造业协同集聚对雾霾污染的影响机制，为下文的实证分析奠定理论基础。

第四章，中国雾霾污染强度的地区差异与收敛性研究。本章作为本书的现实基础部分，对我国雾霾污染强度的发展现状进行了研究，主要借助泰尔指数测算及其分解方法对我国雾霾污染强度的地区差异进行测算与分解，将总体差异进行三大区域的内部差异和结构差异分解，同时借鉴经济增长中的收敛分析方法，构建雾霾排放收敛模型，定量考察雾霾污染动态累积效应大小，并对我国雾霾污染强度的区域差异进行收敛性研究，以夯实本书的现实基础。

第五章，生产性服务业与制造业协同集聚的省际关联及溢出效应分析。本章作为本书的现实基础部分，从网络结构视角出发，分"生产性服务业与制造业协同集聚的关联关系测度""生产性服务业与制造业协同集聚关联网络的演变格局分析""我国各省份在生产性服务业与制造业协同集聚关联网络中的地位、作用、类型、角色"三个部分展开，尝试通过典型化事实、数据的运算与图表汇报等直观途径，剖析生产性服务业与制造业协同集聚的省际关联及溢出效应，以夯实本书的现实基础。

第六章，产业关联视角下生产性服务业与制造业协同集聚对雾霾污染的影响研究。本章基于产业关联视角，试图将生产性服务业与制造业协同集聚、制造业效率与雾霾污染纳入同一框架，从全国层面、分时段层面、分区域层面、分产业层面出发，采用 SYS-GMM 模型实证检验生产性服务业与制造业协同集聚、制造业效率与雾霾污染的内在联系，并探究制造业与不同生产性服务业行业之间的协同集聚对雾霾污染的影响。

第七章，空间关联视角下生产性服务业与制造业协同集聚对雾霾污染的影响研究。本章基于空间关联视角，试图将生产性服务业与制造业协同集聚、贸易开放与雾霾污染纳入同一框架，构建空间计量模型和面板门槛模型，从全国层面和分时段层面出发，实证检验生产性服务业与制造业协同集聚、贸易开放与雾霾污染的内在联系，并探究在不同的贸易开放门槛，生产性服务业与制造业协同集聚对雾霾污染的影响。

第八章，主要结论与政策建议。本章对本书内容进行总结，给出本书的主要研究结论，为矫正产业发展中的棘轮效应以及实现雾霾污染治理提供有针对性、落地的政策建议，并总结本书的不足之处与未来展望。

第三节　拟解决的关键问题与可能的创新之处

一　拟解决的关键问题

基于以上研究背景，本书在写作的过程中将重点关注以下几个问题。

一是深刻理解我国生产性服务业与制造业协同集聚和雾霾污染的现实情境，剖析雾霾污染易反复、治理难的诸多困难与挑战，准确判断雾霾污染的发展态势与方向。

二是生产性服务业与制造业协同集聚的理论机制是什么？两者协同集聚空间关联程度如何？空间溢出程度如何？

三是生产性服务业与制造业协同集聚是否是改善雾霾污染的重要因素？如果是，那么具体的作用机制是什么？

四是如何从产业关联视角和空间关联视角入手，探讨生产性服务业与制造业协同集聚对我国雾霾污染的影响？

五是依据实证检验研究结果，如何有针对性地提出落地的、有差异的、行之有效的促进生产性服务业与制造业协同集聚以及雾霾污染治理的对策措施。

二　可能的创新之处

（一）研究视角的创新

目前，关于产业集聚和环境污染之间关系的研究文献较为多见，在产业集聚上主要以单一产业专业化集聚或几个产业多样化集聚为主，而既有研究涉及产业协同集聚的文献则较为少见。本书基于处在转型期的中国经济呈现产业协同集聚发展这一社会背景，从生产性服务业与制造业协同集聚入手，从产业关联视角和空间关联视角分析生产性服务业与制造业协同集聚对雾霾污染的作用机制及其影响效应，在产业协同集聚和环境污染之间搭建起桥梁，为在更深层次上研究我国雾霾污染找到一个新的视角。

（二）研究思路的创新

本书突破简单系统下研究产业集聚的限制，分析生产性服务业与制造业协同集聚对雾霾污染的作用机制，进而以产业关联和空间关联视角为着眼点，实证分析生产性服务业与制造业协同集聚对雾霾污染的影响效应，为矫正产业发展中的棘轮效应以及实现雾霾污染治理提供新的研究思路。

（三）研究方法的创新

突破单一方法下研究生产性服务业与制造业协同集聚作用于雾霾污染的局限性。本书选取科学合理、适用可行的多学科研究方法，如社会学的统计分析、经济学的理论分析和计量分析、管理学的网络分析等，并积极促进多学科研究方法的融合与创新，丰富了有关生产性服务业与制造业协同集聚对雾霾污染影响研究的方法论体系。

（四）研究价值的创新

本书基于实证分析结论，以"双轮驱动"发展战略为契机，以生产性服务业与制造业协同集聚为切入点，以产业关联视角和空间关联视角为突破口，实证考察生产性服务业与制造业协同集聚对雾霾污染的影响，并提出破解雾霾污染反复加剧的落地的、可行的差异化对策建议，为促进我国生产性服务业与制造业协同集聚和雾霾污染治理提供可选择的政策菜单，具有重要的研究价值，有效发挥本书的现实意义。

第四节 研究方法与技术路线

一 研究方法

本书拟采用理论研究与实证分析相结合的方法，考察生产性服务业与制造业协同集聚对雾霾污染的影响，具体而言：在第一章"绪论"部分，拟重点采用案例分析、文献梳理、归纳演绎、统计分析等研究方法；在第二章"概念界定与相关文献综述"部分，拟重点采用文献整理、归纳演绎等研究方法；在第三章"生产性服务业与制造业协同集聚对雾霾污染的理论分析"部分，拟重点采用理论梳理、逻辑推演等研究方法；在第四章"中国雾霾污染强度的地区差异与收敛性研究"部分，拟重点采用统计分析、泰尔指数的测算及其嵌套分解方法、收敛性分析、FGLS 估计模型等研究方法；在第五章"生产性服务业与制造业协同集聚的省际关联及溢出效应分析"部分，拟重点采用统计分析、比较分析、计量分析、聚类分析、UCINET 网络技术分析等研究方法；在第六章"产业关联视角下生产性服务业与制造业协同集聚对雾霾污染的影响研究"部分，拟重点采用统计分析、比较分析、计量分析（投入产出模型、广义矩估计模型）等研究方法；在第七章"空间关联视角下生产性服务业与制造业协同集聚对雾霾污染的影响研究"部分，拟重点采用统计分析、比较分析、计量分析（空间计量模型、门槛回归模型）等研究方法；在第八章"主要结论与政策建议"部分，拟重点采用归纳演绎、政策咨询等研究方法。

基于此，为保证上述研究方法的顺利进行并发挥研究效用，本书拟采用的分析软件主要包括 SPSS 社会统计软件、EVIEWS 计量分析软件、STATA 计量分析软件、MATLAB 计量分析软件、UCINET 计量分析软件等。

二　技术路线

本书遵循"提出问题—分析问题—解决问题"的研究思路，从研究基础、机制分析、现实基础、效应分析、政策建议五个方面，对生产性服务业与制造业协同集聚对雾霾污染的影响进行深入探讨。

本书的技术路线可以概括为：立足两个现状——我国生产性服务业与制造业协同集聚现状和雾霾污染现状，明确一个机制——生产性服务业与制造业协同集聚对雾霾污染的影响机制，剖析两个视角——从产业关联视角和空间关联视角分析生产性服务业与制造业协同集聚对雾霾污染的影响效应，实现一个目的——为矫正产业发展中的棘轮效应以及破解我国雾霾污染较为严重且反复爆发的困境提出落地的政策建议。具体而言，本书的技术路线如图 1-1 所示。

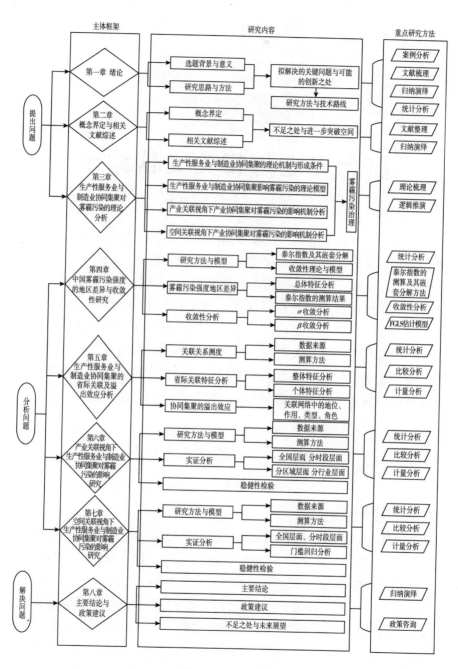

图 1-1 技术路线

第二章

概念界定与相关文献综述

目前，国内外学者对产业集聚与环境污染分别进行的研究成果较多，但关于生产性服务业与制造业协同集聚对雾霾污染影响的研究还是空白。由于本书主要是探究生产性服务业与制造业协同集聚对雾霾污染的作用机制与影响效应，因此，本章作为本书的理论基础之一，将从产业协同集聚的概念内涵、有关生产性服务业与制造业协同集聚的研究、雾霾污染的相关研究、生产性服务业与制造业协同集聚对雾霾污染的影响等层面来追踪和梳理国内外研究文献，为全面把握生产性服务业与制造业协同集聚与雾霾污染的研究动态奠定理论基础。

第一节　概念界定

一　生产性服务业

生产性服务业这一概念最早由美国学者 Greenfield（1966）提出，强调生产性服务业不是最终消费者服务产业，而是用在其他业务的生产、商品销售和产品服务方面。随后，美国学者 Browning 和 Singelmann（1975）对 Greenfield 提出的生产性服务业内涵进行了补充，指出生产性服务业囊括了金融、法律、保险、工商服务等知识密集型行业，是能够保障工业生产连贯、提升工业技术、提高生产效率的专业化服务行业。Daniels（1985）认为生产性服务业与消费性服务业的最终消费者不同，生产性服务业并非直接提供商品的产业。Coffey

（2000）研究指出生产性服务业在生产过程中提供商品、服务，是一种中间投入产业。Goodman 和 Steadman（2002）研究认为生产性服务业是中间需求率大于 60% 的服务业。钟韵和阎小陪（2003）认为生产性服务业的服务对象是社会生产、商务行为、政府单位，在工业生产中发挥着不可代替的作用。顾乃华等（2006）研究指出生产性服务业是为其他商品提供中间服务的企业群体。

　　在整体上，生产性服务业（Producer Services）是从制造业内部生产服务部门渐渐分离、独立发展而来的新兴产业，贯穿企业生产的上游、中游和下游环节，是依附制造业并对其提供直接配套的服务业，旨在直接或者间接服务于社会生产活动，而并非直接服务于个人以及生产性服务业。在分类上，国内外学者对生产性服务业细分行业的界定也存在较大的差异，如表 2-1 所示。关于生产性服务业的行业界定，本书主要参考《生产性服务业分类（2015）》，并借鉴宣烨（2012）、于斌斌和金刚（2014）的思路，将"信息传输、计算机服务及软件业""金融业""房地产业""租赁和商业服务业""科研、技术服务和地质勘查业"合并为生产性服务业。

表 2-1　　　　国内外学者对生产性服务业细分行业的界定

国内外部分机构及学者	分类
美国商务部（BEA）	商业及专门技术（如计算机、工程、法律、广告及会计服务）、教育、金融、保险、电子传讯、外国政府
英国标准产业分类（SIC）	批发分配业、废弃物处理业、货运业、金融保险、法律服务、会员组织、其他专业服务
香港贸易发展局	专业服务、信息和中介服务、金融服务、与贸易相关的服务
Browning H. C., Singelmann J.（1975）	金融、保险、法律及工商服务业
Coffey W.（2000）	工程服务、企业管理咨询、会计、设计、广告
钟韵、阎小培（2003）	金融保险业、房地产业、信息咨询服务业、计算机应用服务业、科学研究与综合技术服务业

　　资料来源：陈仕权：《生产性服务业的分类、特点及作用》，《郑州航空工业管理学院学报》（社会科学版）2006 年第 4 期。

二 制造业

制造业又称加工工业，主要是指机械工业时代对设备、物料、技术、能源、资金、工具、信息和人力等诸多制造资源进行加工利用的行业，进而转变为可供的工业品与生活消费产品。一般来讲，可以将制造业划分为两种类型：一是原材料工业，主要加工采矿业、农业所生产的原材料，但该产品仍然以原材料的形式存在。二是加工工业，主要深度加工原材料农业、采矿业以及工业的产品，进而产生各种工业制品（陈炎飞，2018）。1984年，我国出台了国民经济行业分类，随后在1994年、2000年、2011年、2017年进行多次修订，根据国民经济行业分类，制造业属于C类，涵盖了编号13—43类的行业。国民经济行业分类具体如表2-2所示。

表2-2　　　　　　　　　国民经济行业分类

大类代码	制造业行业分类	大类代码	制造业行业分类
13	农副食品加工业	29	橡胶和塑料制品业
14	食品制造业	30	非金属矿物制品业
15	饮料制造业	31	黑色金属冶炼及压延加工业
16	烟草制品业	32	有色金属冶炼及压延加工业
17	纺织业	33	金属制品业
18	纺织服装、鞋、帽制造业	34	通用设备制造业
19	皮革、毛皮、羽毛（绒）及其制品业	35	专用设备制造业
20	木材加工及木、竹、藤、棕、草制品业	36	汽车制造业
21	家具制造业	37	铁路、船舶、航空、其他运输设备制造业
22	造纸及纸制品业	38	电气机械和器材制造业
23	印刷业和记录媒介的复制	39	计算机、通信和其他电子设备制造业
24	文教体育用品制造业	40	仪器仪表制造业
25	石油加工、炼焦及核燃料加工业	41	其他制造业
26	化学原料及化学制品制造业	42	废弃资源综合利用业
27	医药制造业	43	金属制品、机械和设备修理业
28	化学纤维制造业		

资料来源：中国国家统计局网站中的国民经济行业分类。

三　产业集聚与产业协同集聚

（一）产业集聚

产业集聚是产业演化进程中的一种特定空间形态，也是当前经济要素作用下最显著的地理特征，具有规模递增的经济效应，对产业规划布局存在潜移默化的影响（谢守红和蔡海亚，2015）。对产业集聚理论的研究最早可追溯到19世纪末，由国外学者Marshall（1890）首先发现产业区集聚现象，并提出"产业空间集聚"理论。随着经济领域和地理科学的不断融合，产业集聚现象引起了学术界的广泛关注，对其研究也得到了不断完善和发展。20世纪70—80年代，意大利学者Giacomo Becsttini在对产业区现象进行深入研究的基础上提出了"新产业区"的概念（Ellison et al.，2010）。1990年，Michael Porter等学者创建"新经济地理学"学派，并在《国家竞争优势》中明确提出"产业集群理念"（Ellison et al.，2010）。此后，产业集聚在地理科学领域和产业经济方面均得到高度重视，并且成为当今区域发展的新模式。国内外学术界在产业集聚理论研究方面都较成熟，而国内对其研究起步要晚于国外。

（二）产业协同集聚

"协同"一词起源于希腊语，寓意为一起工作，目前该现象广泛渗透在经济、物理、管理、生物等诸多领域中。20世纪70年代，德国物理学家Hermann Haken创立了协同学，并定义了"协同"的物理学含义，即系统各个组成部分相互协作，促使系统产生微个体层次所不存在的新质结构，随后美国学者Ansof定义了"协同"的经济学含义，即企业内部各业务部门相互协作，实现企业整体价值大于各业务部门价值之和（赵放，2012）。

产业协同集聚（Industrial Co-agglomeration）通常也被称为产业共同集聚，是在产业集聚基础上衍生而来的，产业集聚与产业协同集聚有着明显的区别，表现在传统产业集聚主要侧重于某一特定产业的专业化集聚，而产业协同集聚实则是反映产业集聚并非单一产业在地理空间上不断汇聚的过程，而是伴随着多个不同但相互关联产业的协同集聚。目前，产业协同集聚常常用来研究服务业与制造业的空间集聚特征。Ellison 和 Glaeser（1997）在对美国制造业集聚进行研究时提出了产业协同集聚的概念，即产业协同集聚是不同产业之间的集聚行为，表现为具有水平关联或垂直关联的不同产业在空间地理上的高度集聚。本书借鉴 Ellison 和 Glaeser（1997）的研究思路，将制造业内部产业间的协同集聚延伸到生产性服务业与制造业协同集聚的研究范畴。一般来讲，生产性服务业与制造业协同集聚主要存在水平关联或垂直关联两种形式。其中，水平关联是指诸如技术人才、知识溢出、劳动力市场等多方面共享，进而产生产业内部不同行业间的相互联系；而垂直关联是指上下游产业之间存在投入产出关系或者行业之间产生的关联（伍先福，2017）。

四 雾霾污染

雾霾是雾与霾的混合，雾与霾具有较大的差别，是两种不同的事物。雾大多出现在秋冬时节，是一种平均能见度低于 1 千米的自然天气现象。雾是大量悬浮在近地面空气中的微小水滴或冰晶凝结而成的产物，总体上对人体的健康无害，但其混浊性显著降低了空气透明度，在一定程度上加剧了能见度的恶化。霾是一种水平能见度降低到 10 千米以下的天气现象，主要是悬浮在空气中的硫酸、灰尘、有机碳氢化合物、硝酸等微小粒子（尘粒、烟粒、盐粒）的集合体，在严重影响空气能见度的同时，其形成的污染颗粒物通过呼吸道进入人体，危害人类健康。

"雾霾"这一概念最早出现在西方工业化时期，尤其以英国雾都伦敦最为突出，20 世纪后工业化快速向欧美地区蔓延，对当地的空气造成了严重污染，雾霾天气时常发生（王书斌，2016）。近年来，雾霾在中国压缩性地爆炸式涌现、肆意频发，成为我国政府和居民关注的焦点。雾霾是多种排放源产生的污染颗粒物，是由于燃煤排放的烟尘、工业生产排放的废气、交通工具排放的尾气以及道路路面的扬尘等因素引起空气中有害、可吸入颗粒物浓度上升的大气污染现象，其中包含二氧化硫（SO_2）、氮氧化物（NO_x）、可吸入颗粒物（PM10）、细颗粒物（PM2.5）等污染物，但其主要成分是 PM2.5 和 PM10。与 PM10 相比，PM2.5 具有小颗粒、活性强、输送距离远、分布广、空气滞留时间长、易携带有毒物质等特性，对居民生活和大气环境的危害程度远大于 PM10，是造成雾霾天气的主要原因。

第二节 相关文献综述

一 产业协同集聚的文献综述

目前关于产业协同集聚的研究大多是以产业集聚理论、垂直关联模型为基础，进一步拓展至中心—外围模型的产业协同集聚理论。集聚理论最早来源于 Marshall（1980）的外部理论，并在 Krugman（1991）的新经济地理学理论中得到迅速发展。Venables（1996）借助垂直关联（CPVL）模型分析发现不同行业之间的市场邻近度、关联度、交易成本是影响产业协同集聚的关键要素。Ellison 和 Glaeser（1997）发现了不同产业之间的空间集聚现象，并据此提出了产业协同集聚的概念。Forslid 和 Midelfart（2005）将 CPVL 模型纳入政府部门领域，研究指出高工资开放的国家上下游产业协同集聚水平较高。Kolko 和 Neumark（2010）分析了生产性服务业与制造业的产业区位选择模式，指出知识溢出和直接贸易是产生协同集聚的原动力。Koh 和 Riedel（2014）从水平关联视角出发，通过构建两国三部门模型，指出中间产品产业与最终产品产业同样具有空间协同集聚现象。Ke 等（2014）研究发现制造业的选址偏向于生产性服务业较为发达的城市，并且产业协同集聚对周边城市存在外溢作用。谭洪波（2015）基于贸易成本的研究视角，构建三部门一般均衡模型探究了贸易成本对不同国家生产性服务业与制造业空间集聚关系的影响，研究发现贸易成本越高，两种产业越趋于协同集聚。

二 生产性服务业与制造业协同集聚的文献综述

国内外学术界对生产性服务业与制造业协同集聚的研究较少，究其原因是生产性服务业内生于制造业之中，并且制造业分工分化历史较短。现有关于生产性服务业与制造业协同集聚的研究主要集中在生产性服务业与制造业协同集聚的测度研究、生产性服务业与制造业协同集聚的内在机制研究、生产性服务业与制造业协同集聚的影响因素研究、生产性服务业与制造业协同集聚的影响效应研究四个方面。

（一）生产性服务业与制造业协同集聚的测度研究

虽然已有学者开始关注产业协同集聚的测度问题，但在生产性服务业与制造业协同集聚的测度方法上，迄今尚未形成统一的界定方式。目前，国内外学者主要集中在灰色 GM（1，*N*）模型（唐晓华等，2018）、耦合协调度模型（陈晓峰和陈昭锋，2014；李宁和韩同银，2018）、基于经济活动集聚指标的差异性（杨仁发，2013；陈国亮和陈建军，2012；蔡海亚和徐盈之，2018）、投入产出模型（杜君君等，2015；陈蓉和陈再福，2018）、D–O 指数（Duranton and Overman，2005；Duranton and Overman，2008）、Colocalization 指数（Billings and Johnson，2016）、Devereux 等（2004）提出的简化产业间集聚度测度（席强敏，2014）以及 Ellison 和 Glaeser（1997）提出的产业间协同集聚度（江曼琦和席强敏，2014；夏后学等，2017）。从具体分析上来看，江曼琦和席强敏（2014）测度了上海市 18 个区 570 对生产性服务业与制造业组合的空间协同集聚度，研究发现上海市整体生产性服务业与制造业协同的空间集聚度较低，并根据协同集聚度将其划分为高度空间集聚、中度空间集聚、低度空间集聚、分散空间集聚四个类型。陈晓峰和陈昭锋（2014）测度了中国东部沿海地区的生产性服务业与制造业协同集聚水平，研究显示东部沿海地区各省市的生产性服务业与制造业协同集聚水平存在较大的差异。Ghani 等（2016）研究指出印度服务业与制造业活动具有显著的空间关联和集中性，制造业往往分布在相关服务业集聚度较高的大城市。李宁和韩同银（2018）构建耦合协调度模型测度了京津冀生产性服务业与制造业协同发展水平，研究结果显示：北京生产性服务业与制造业协同发展水平增幅缓慢，天津生产性服务业与制造业协同发展水平处于稳步提升期，河北生产性服务业与制造业协同发展水平明显低于天津、北京。

（二）生产性服务业与制造业协同集聚的内在机制研究

关于生产性服务业与制造业协同集聚的内在机制研究，Ellison 和

Glaeser（1997）剖析了美国产业协同集聚的微观形成机制，认为马歇尔因素是产生产业协同集聚的主要原因，并且该作用大于自然优势形成的地理"第一性"。陈娜和顾乃华（2013）从投入产出关联效应角度和本地市场效应角度出发，阐释了生产性服务业与制造业之间存在协同效应的主要原因。Gallagher（2013）从物理运输成本和信息运输成本两个角度对产业协同集聚的形成机制进行探讨，指出不同运输成本下的马歇尔因素是造成产业协同集聚的原因。Gabe和Abel（2016）重点研究了马歇尔第三因素，指出类似知识的职业劳动力倾向于协同集聚，并且在都市层面下产业协同集聚形成的知识分享远远大于州级层面。曹东坡等（2014）从空间分布上的协同定位、发展模式上的协同演化、升级动力上的协同创新三个方面探究高端服务业与先进制造业协同发展的机制。Mukim（2013）和Rusche等（2011）以印度制造业、德国家具产业为研究对象，对产业协同集聚形成机制进行了补充研究。席强敏和罗心然（2017）主要从产业发展以及空间选址两个层面探讨了生产性服务业与制造业之间的协同发展机制。李宁等（2017）构建了生产性服务业与制造业协同机制框架，并从宏观层面（空间布局）、中观层面（产业关联）以及微观层面（企业活动）出发，系统梳理了生产性服务业与制造业协同发展的机制。陈晓峰（2017）基于多个不同视角对长三角城市群生产性服务业与制造业协同集聚影响机制进行研究。陈蓉和陈再福（2018）剖析了生产性服务业与制造业融合的机制，指出产业关联是生产性服务业与制造业融合的基础，技术创新是生产性服务业与制造业融合的动力，产业规制放宽是生产性服务业与制造业融合的外因。

（三）生产性服务业与制造业协同集聚的影响因素研究

关于生产性服务业与制造业协同集聚的影响因素研究，陈国亮和陈建军（2012）从产业层面和空间层面构建第二、第三产业共同集聚框架，实证指出第二、第三产业共同集聚受交易成本、产业关联、区域性中心城市、知识密集程度的影响。席强敏（2014）以天津市为研究对象，通过实证检验指出外部性理论的三大集聚因子（中间产品的投入、劳动力市场共享以及知识溢出）对生产性服务业与制造业在空间上的协同集聚存在显著的影响效应。吉亚辉和甘丽娟（2015）从地区层面和行业层面分析了生产性服务业与制造业协同集聚的影响因素，研究结果表明：不同地区以及生产性服务业各细分行业对生产性服务业与制造业协同集聚影响均存在明显的异质性。Billings 和 Johnson（2016）探究了城市内部产业协同集聚的诸多影响因素，并进一步证实了 Ellison 等（2010）提出的观点。张虎等（2017）采用空间计量模型剖析了生产性服务业与制造业协同集聚的空间溢出效应，研究指出：相邻地区生产性服务业与制造业协同集聚具有空间溢出效应，其中技术创新、知识溢出与层级分工程度有助于生产性服务业与制造业协同集聚水平的提升，除知识溢出外，相邻地区的技术创新与层级分工程度能够显著促进本地生产性服务业与制造业协同集聚水平的提升。高寿华等（2018）研究发现政府行为对生产性服务业与制造业协同集聚的影响程度最大，城镇化、市场驱动、创新能力的影响程度次之，而基础设施、互联网技术对生产性服务业与制造业协同集聚的影响程度较弱。

（四）生产性服务业与制造业协同集聚的影响效应研究

关于生产性服务业与制造业协同集聚的影响效应研究，现有相关研究主要围绕生产性服务业与制造业协同集聚对区域经济增长的影响、生产性服务业与制造业协同集聚对制造业效率的影响，但近年来学者关注视角有所转变，开始从城市生产效率、区域创新、就业、城镇化、产业结构等维度探讨生产性服务业与制造业协同集聚对社会层面的影响。

一是关于生产性服务业与制造业协同集聚对区域经济增长的影响，如豆建民和刘叶（2016）以 2003—2012 年我国 285 个城市为研究对象，借助门槛回归模型实证检验了生产性服务业与制造业协同集聚对不同规模城市经济增长的非线性关系，研究结果显示：生产性服务业与制造业协同集聚对城市经济增长存在双重门槛，城市规模的两个门槛值为 23.004 万人和 199.996 万人。陈子真和雷振丹（2018）实证分析了不同城市规模条件下生产性服务业与制造业协同集聚对区域经济的影响效应，研究结果显示：大规模城市的支持性生产服务业与制造业协同集聚对区域经济的影响大于中小规模城市，而中小规模城市的基础性生产服务业与制造业协同集聚对区域经济的影响大于大规模城市。周明生和陈文翔（2018）以长株潭城市群 2003—2015 年面板数据为样本，剖析生产性服务业与制造业协同集聚对经济增长的影响，研究结果显示：长株潭地区生产性服务业与制造业协同集聚和经济增长呈明显的非线性关系，并且在不同城市规模条件下生产性服务业与制造业协同集聚对经济增长效应具有显著的异质性。

二是生产性服务业与制造业协同集聚对制造业效率的影响，如 Boschma 和 Iammarino（2009）研究发现生产性服务业与制造业协同集聚可以增进两个产业的交叉和融合，有助于进一步提升两个产业的生产效率。刘叶和刘伯凡（2016）以我国 22 个城市群 2003—2011 年的数据为例，采用动态面板回归模型检验生产性服务业与制造业协同集聚对制造业生产效率的影响及其作用机制，研究发现生产性服务业和制造业协同集聚有助于提升制造业全要素生产率，技术进步是促使生产性服务业与制造业协同集聚、提升制造业全要素生产率的关键途径，在不同城市群下该影响具有明显的差异。矫萍和林秀梅（2016）以我国 24 个省份 2004—2013 年的数据为样本，借助空间计量模型考察了生产性服务业 FDI 与制造业 FDI 协同集聚对制造业增长的影响，研究发现生产性服务业 FDI 与制造业 FDI 协同集聚在一定程度上有助于制造业增长，但其促进作用较小。刘玉浩等（2018）以全国 31 个省份 2006—2015 年的面板数据为研究对象，依次借助 OLS 回归模型和 GMM 回归模型实证检验生产性服务业与制造业协同集聚对制造业效率的影响，研究发现生产性服务业与制造业协同集聚对制造业效率存在先促进、后抑制的倒"U"形影响。唐晓华等（2018）采用灰色 GM（1，N）模型度量了生产性服务业与制造业协同演化发展程度，并借助门槛回归模型实证分析了生产性服务业与制造业协同发展对制造业生产效率的非线性影响。

三是生产性服务业与制造业协同集聚对社会层面的影响。在城市生产效率维度上，陈建军等（2016）运用空间计量模型实证检验得出产业协同集聚对城市生产效率具有显著促进作用，并且产业协同集聚对城市生产效率的影响效应还存在明显的地区异质性和行业异质性特征。在区域创新维度上，Yusuf（2008）以亚洲的产业集群发展为研究对象，指出传统制造业与服务业的协同集聚有助于激发有价值的溢出效应、促进创新能力和产业质量的提升。吉亚辉和陈智（2018）以2006—2015年中国省级面板数据为例，采用空间计量模型检验了生产性服务业与高技术制造业协同集聚对区域创新能力的影响及其空间溢出效应，研究结果显示：生产性服务业与制造业协同集聚有助于区域创新能力的提升，而与高技术制造业集聚对区域创新能力的提升作用并不显著。倪进峰和李华（2017）实证研究发现当地人力资本对协同集聚创新效应的发挥存在门槛效应，当人力资本对数值大于0.0886时，协同集聚促进了整体区域创新能力；当人力资本对数值小于0.0886时，协同集聚抑制了整体区域创新能力。在就业维度上，庄德林等（2017）从理论上探讨了生产性服务业与制造业协同集聚对就业效应的影响，并通过实证分析发现生产性服务业与制造业协同集聚在总体上抑制了地区的就业增长，但省际生产性服务业与制造业协同集聚对区域内生产性服务业、制造业以及总体就业存在空间互补效应。在城镇化维度上，伍先福和杨永德（2016）借助动态空间面板滞后模型实证检验了生产性服务业与制造业协同集聚对城镇化的影响效应，研究发现：生产性服务业与制造业协同集聚在总体上能够显著提升城镇化水平，生产性服务业与制造业协同集聚对西部地区城镇化水平的提升作用最大，对中部地区提升作用有所降低，而对东部地区提升作用并不显著。在产业结构维度上，夏后学等（2017）以2008—2014年中国30个省份的工业数据为例，实证结果显示：非正式环境规制下的产业协同集聚有助于加速产业结构合理化，产业协同集聚可以改善产业结构调整效应，但两者之间存在明显的门槛特征。

三　雾霾污染的文献综述

目前，国内外学者对雾霾污染研究已进入相关探索阶段，研究成果较为丰硕。现有研究主要围绕雾霾污染的成因分析、雾霾污染的影响因素分析、雾霾污染所产生的影响及雾霾污染防治措施的探讨四个层面展开。

（一）关于雾霾污染的成因分析

关于雾霾污染的成因分析，部分学者是从自然科学角度对雾霾污染的成因进行探讨，如 Motallebi（1999）研究指出环境污染存在季节性特征，不同的季节、气候条件对可吸入颗粒物污染的影响较大。Tao 等（2014）对中国北部地区雾霾形成过程进行观测，研究结果显示：异常的天气条件加剧了区域雾霾污染程度。Hosseini 和 Rahbar（2011）研究指出 CO_2 和 PM10 在亚洲地区具有显著的空间溢出效应，污染物的空间扩散也是雾霾形成的重要诱因。Li 等（2017）研究指出南京冬季的 PM2.5 平均浓度（281 毫克/立方米）远远高于夏季和秋季的 PM2.5 平均浓度（86 毫克/立方米）。此外，还有部分学者指出，独特的市场经济体制和经济发展方式是产生雾霾污染的根源，如陈开琦和杨红梅（2015）认为市场经济体制尚未摆脱传统经济体制的反生态缺陷，粗放型的经济发展方式是引起当前雾霾污染天气的根源。何小钢（2015）指出传统经济体制向市场经济体制过渡下形成的产业结构和城市结构较为扭曲，加之能源消费结构固化的影响，直接诱发了中国中东部地区大面积雾霾污染的现象。吴建南等（2016）以中国 2014 年城市 PM2.5 监测站的数据为研究样本，从经济发展和公共治理层面探析了 PM2.5 的成因，指出经济结构失调是形成雾霾天气的内因，建筑扬尘、能源结构、机动车尾气是形成雾霾天气的外因。

（二）关于雾霾污染的影响因素分析

关于结构转型对雾霾污染的影响，Huang 等（2014）研究指出削减化石燃料的燃烧量，有助于减少主要颗粒物排放量，降低雾霾污染造成的经济危害。马丽梅和张晓（2014）研究发现雾霾污染在省域空间上存在交互作用，剖析了经济结构和能源结构对雾霾污染的影响机制，并指出调整产业结构和能源消费结构对雾霾治理具有立竿见影的效果。魏巍贤和马喜立（2015）在单一情景的基础上对能源结构调整、技术进步与雾霾治理进行复合情景模拟分析，找出雾霾治理目标约束下对经济发展影响最小的政策组合。

关于能源效率对雾霾污染的影响，Lindmark（2002）认为技术进步有助于提升资源的利用效率，对降低污染物排放具有立竿见影的效果。任保平和段雨晨（2015）认为提高既有煤炭资源的利用效率，加快煤炭加工技术的转型升级，用清洁能源替代煤炭是治理城市雾霾的关键。冯博和王雪青（2015）将雾霾指数作为非期望产出纳入能源效率研究中，借助 SBM 模型测度了京津冀地区 2003—2012 年的能源效率，研究结果显示：在纳入雾霾效应后，京津冀城市群的能源效率均有所下降。刘伯龙等（2015）从能源技术弹性角度出发，研究发现区域能源弹性系数与雾霾指数呈负相关，表明能源技术进步带来的能源效率提升可以缓解雾霾污染。戴小文等（2016）以成都市为研究对象，研究结果显示：能源强度与雾霾当量排放强度呈现显著的同向变化，能源效率的提升可以减少温室气体的排放。

关于环境规制对雾霾污染的影响，部分学者认为环境规制加剧了雾霾污染，如 Greenstone（2002）研究指出较高的环境规制抑制了美国污染密集型企业创新的积极性，不利于企业的污染减排。Blackman 和 Kildegaard（2010）以墨西哥为研究对象，研究发现环境规制对企业绿色技术创新的作用并不显著，反而在一定程度上增加了污染排放。而部分学者指出合理的环境规制可以倒逼企业技术革新，进一步抑制污染物的排放。Laplante 和 Rilstone（1996）以加拿大纸浆和纸制品行业为例，指出环境规制可以减少企业污染物的排放。Hettige 等（2000）指出环境规制越高的地区，其工业污染排放也就越少。Cole 等（2005）研究发现正式环境规制和非正式环境规制都可以在一定程度上降低英国的空气污染。Marconi（2012）研究指出环境规制有助于减少中国和欧盟 l4 国的污染排放。屈小娥（2018）基于 2001—2015 年省际层面 PM2.5 浓度数据，通过构建面板空间计量模型，实证指出发展阶段命令型环境规制有助于改善雾霾污染。

此外，也有相关学者从城市蔓延、产业集聚、贸易开放、网络舆论、公共健康、影子经济、政治性蓝天、财政分权、交通模式等视角探讨其对雾霾污染的影响。如 Burchfield 等（2006）研究了美国城市发展的扩张程度，并考虑了决定空间扩张差异的因素。研究发现 1976—1992 年，虽然城市扩张的程度大致不变，但各大都市地区的扩张程度大相径庭。地下水的可用性、温和的气候、崎岖的地形、分散的就业、早期的公共交通基础设施、大都市增长的不确定性，以及城市边缘地区的非建制土地都会增加扩张。秦蒙等（2016）借助全球夜间灯光数据、PM2.5 栅格数据、LandScan 人口分布数据以及经济统计资料，探究城市蔓延、城市规模与城市雾霾污染之间的内在联系。研究发现城市蔓延加剧了城市雾霾污染程度，扩大城市规模同样会加剧城市雾霾污染。同时，城市蔓延对雾霾污染的影响会随着城市规模的扩大而减弱，即大城市形成的空间蔓延产生的空气污染会高于小城市形成的空间蔓延产生的空气污染。Leeuw 等（2001）计算了欧盟地区 1995 年和 2010 年约 200 个城市群的空气质量。考虑的污染物包括 SO_2、NO_2、PM10、Pb、O_3、CO 等。与 1995 年相比，2010 年约 200 个模拟城市的城市背景浓度大幅下降。然而，预计未来仍将超过商定或拟议的空气质量标准。Hosseini 和 Kaneko（2013）提出了一种新的机制，即国家的环境质量通过国家制度质量的溢出在空间上向邻国扩散。为了验证这一假设，构建了一个面板数据模型，该模型使用 1980—2007 年 129 个国家的数据，估计了国家及其邻国的制度质量对其能源使用二氧化碳排放强度的影响。这些发现证明了这一机制存在于全球层面和区域层面。Simonen 等（2015）以芬兰地区 1994—2008 年的数据为例，研究了高科技部门，特别是其产业结构在区域经济增长中的作用，揭示区域产业结构与经济增长之间的联系。研究发现一旦控制了其他增长决定因素，高技术多样性相对于区域增长的边际回报就会减少。Poon 等（2006）通过使用环境库兹涅茨模型模拟能源、运输和贸易对当地空气污染排放（二氧化硫和烟尘颗粒物）的影响，研究了中国经济发展与环境之间的关系。该模型考虑了来自高污染邻国的潜在区域溢出效应，分析发现二氧化硫呈倒"U"形曲线，但烟尘颗粒呈"U"形曲线。这表明，在中国烟尘颗粒可能比二氧化硫造成更严重的环境问题。康雨（2016）借助 1998—2012 年中国省级面板数据，实证检验贸易开放程度对雾霾污染的影响。研究结果发现中国雾霾污染具有显著的空间溢出效应，贸易开放加剧了地区的雾霾污染。Jia 等（2019）采用系统动力学方法构建了一个动态管理模型，研究空气污染收费（APCF）政策对中国雾霾污染的影响。该模型用于模拟和评估 2011—2025 年不同情景下 APCF 政策对北京交通和排放的影响。模拟结果表明 APCF 政策有效实现了减排和缓解拥堵的"双赢"场景。特别是，模拟结果还表明了一些政策效应，如反弹效应（来自低 APCF 政策）、拐点效应（来自高 APCF 政策）和边际递减效应（在中等和高 APCF 政策之间）。李欣等（2017）使用动态空间计量模型实证分析网络舆论对雾霾污染的影响。研究发现东部地区雾霾污染动态累进远高于中、西部地区，中部和东部地区雾霾污染的空间溢出效应大于西部地区。同时，增加网络舆论有助于缓解中、西部地区的雾霾污染，网络舆论可以借助环境行政规制和经济规制来间接影响雾霾污染，但环境污染监管产生的中介效应还不明显。Gao 等（2017）研究指出空气污染物的积累、气溶胶的二次形成、停滞的气象条件和污染物的跨境运输是雾霾形成和演变的主要原因。短期和长期暴露于烟雾污染与一系列负面健康后果相关，包括呼吸道疾病、心脑血管疾病、精神健康问题、癌症和过早死亡。中国越来越重视对空气质量的改善，并出台了应对污染的行动计划和政策，但许多干预措施只是暂时的效果。行业团体和一些政府机构可能会强烈抵制，执行相关的控制措施和法律往往很有挑战性。黄寿峰（2016）基于影子经济维度，将环境规制、影子经济、腐败纳入同一理论框架，并借助动态半参数面板模型验证环境规制、影子经济与雾霾污染的关系。研究结果显示：环境规制对雾霾污染的直接影响并不明显，而对雾霾污染的间接作用、影子经济、腐败及其交互项影响显著。同时，影子经济与雾霾污染具有门槛特征。石庆玲等（2016）从政治性蓝天角度出发，研究指出在"两会"期间城市的空气质量发生明显好转，空气质量指数比平常下降约 5.7%，"两会"期间 PM2.5、PM10、SO_2 等指标的下降幅度较大，而 NO_2 和 O_3 等指标的变化较小。但是"两会"过后城市空气质量逐步恶化，且恶化程度比之前的程度更为严重。白俊红和聂亮（2017）借助动态空间面板模型，检验环境分权对中国雾霾污染的关系。研究发现，加强地区环境分权力度可以在一定程度上改善中国雾霾污染，对雾霾污染的影响由高到低依次为环境监察分权、环境行政分权、环境监测分权。马丽梅等（2016）采用空间杜宾模型探讨能源结构、交通模式与雾霾污染的内在联系。研究结果显示：雾霾污染存在明显的区域特征，且各地区的成因差异较大。能源结构是中、西部产生雾霾污染的主要诱因，而交通拥堵以及其邻近地区的影响是东部地区产生雾霾污染的重要原因。

（三）关于雾霾污染所产生的影响

关于雾霾污染所产生的影响，Quah 和 Boon（2003）估算了新加坡可吸入颗粒物的健康成本。Zhang 等（2008）对我国 111 个城市 PM10 造成的健康经济损失进行估算，估算出经济损失大约为 292 亿元。Matus 等（2012）通过计算发现我国大气污染健康经济损失增长幅度较大，1997 年经济损失为 220 亿美元，而在 2005 年该数值增长至 1120 亿美元。Chen 等（2013）在估算了中国空气污染的健康成本之后，指出空气污染严重影响了公众健康。马丽梅和张晓（2014）研究指出雾霾污染严重阻碍了外商来华投资，国际人才引进，商贸、旅游以及其他服务业的发展，带来的负面影响远超经济利益的损失。曹彩虹和韩立岩（2015）计算了 2003—2013 年北京雾霾所产生的社会健康成本，研究发现雾霾污染对北京居民健康造成严重的影响，并且健康总成本的增长率高于地区 GDP 的增长率。陈素梅（2018）计算发现 2016 年北京雾霾污染造成的经济损失高达 679.25 亿元，其中朝阳区、海淀区、丰台区的健康损失远远高于延庆区、门头沟区、怀柔区。

（四）关于雾霾污染防治措施的探讨

关于雾霾污染防治措施的探讨，众多学者基于不同领域提出了行之有效的对策措施。一是基于产业和能源消耗结构视角，如 Huang 等（2014）研究发现减少化石燃料的燃烧有助于大幅降低主要颗粒物的排放量，缓解雾霾污染造成的损失。马丽梅和张晓（2014）剖析了经济结构和能源结构对雾霾污染的作用机制，并指出调整产业结构和能源消费结构能够在一定程度上实现雾霾污染治理。二是基于污染治理方式视角，如王惠琴和何怡平（2014）认为引入公众参与是解决雾霾问题的有效路径，需要在政府层面和公众层面双向提高雾霾污染防治能力。三是基于环保体制与法律监管视角，如白洋和刘晓源（2013）

认为实现对雾霾污染的有效防治，需要遵循预防为主、防治结合的立法理念，落实政府环境治理责任，将源头治理和总量控制的治理模式进行有机结合。四是基于城市交通与空间规划视角，如王志远等（2013）研究表明城市空间形态越不规整，单位土地面积碳排放量越大，需要限定城市空间无序扩张、提高城市空间紧凑程度，实现内涵式集约发展。

四 生产性服务业与制造业协同集聚影响雾霾污染的文献综述

目前，国内外学术界鲜有生产性服务业与制造业协同集聚影响雾霾污染的研究，关注的焦点主要是产业集聚对雾霾污染的影响，但研究成果不多见，且学者的研究结论尚未达成一致。一方面，部分学者认为产业集聚加剧了雾霾污染，如梁伟等（2017）剖析了工业集聚与雾霾污染的影响机制，研究发现雾霾污染具有显著的空间溢出效应，并且工业集聚与雾霾污染之间呈现高度正相关，而人口集聚、经济集聚与雾霾污染之间呈现高度负相关。徐盈之和刘琦（2018）通过构建空间计量模型，实证检验了产业集聚对雾霾污染的影响效应，研究发现产业集聚对雾霾污染存在显著的负向空间溢出效应，并且提升产业集聚效益在一定程度上会加重雾霾污染。东童童（2016）探究了雾霾污染、工业集聚与工业效率的交互作用，研究结果表明三者之间具有显著的交互作用，并且工业集聚加剧了地区雾霾污染程度。另一方面，部分学者认为产业集聚缓解了雾霾污染，如东童童等（2015）研究了工业集聚与雾霾污染之间的内在关系，结果发现工业产出集聚能够缓解雾霾污染。马忠玉和肖宏伟（2017）借助地理加权回归模型，实证检验了产业集聚对 PM2.5 的影响，研究结果表明：工业产业集聚是减少雾霾污染的重要因素。罗能生和李建明（2018）实证分析了专业化集聚、多样化集聚对雾霾污染的影响，研究指出专业化集聚能够改善地区雾霾污染，但空间溢出效应还不显著。另外，还有学者认为产业集聚与雾霾污染之间存在非线性关系，如杨嵘等（2018）分析了产业集聚对雾霾污染的门槛效应，研究结果显示：产业集聚与雾霾污染之间存在双重门槛效应，在不同的产业集聚水平下其对雾霾污染的影响具有异质性。

第三节　简要评述

通过对现有文献的回顾与梳理，发现目前已有较多关于产业协同集聚、生产性服务业与制造业协同集聚、雾霾污染的文献，重点关注了生产性服务业与制造业协同集聚的测度、内在机制、影响因素、影响效应，以及雾霾污染的成因、影响因素、影响，同时也探讨了产业集聚现象对雾霾污染的影响，得出了诸多有价值的研究观点。

然而遗憾的是，当从生产性服务业与制造业协同集聚对雾霾污染影响的角度追溯现有文献时发现：一是当前对雾霾污染的研究对象主要集中在全国、省域、城市等宏观层面，从区域差异角度对雾霾污染的定量测算，剖析其时空差异及其收敛性的研究相对缺乏。二是部分学者对生产性服务业与制造业协同集聚的测度、内在机制、影响因素、影响效应等做了诸多有益探讨，但缺乏从社会网络视角探究生产性服务业与制造业协同集聚网络结构的文献。三是现有学者大多基于单一产业集聚视角来分析我国雾霾污染问题，缺乏对"双轮驱动"视角下生产性服务业与制造业协同集聚因素的关注。例如，现有研究分析了工业产业集聚、工业产出集聚、工业资本集聚、工业劳动集聚、专业化集聚、多样化集聚等方面，探讨了产业集聚对我国雾霾污染的影响，但鲜有从生产性服务业与制造业协同集聚出发，分析生产性服务业与制造业协同集聚对雾霾污染的作用机制及影响效应。

因此，鉴于现有研究的不足，本书将在下列三个方面予以突破：一是借助泰尔指数测算及其分解方法系统地剖析中国各省份雾霾污染的地区差异，将总体差异进行三大区域的内部差异和结构差异分解，并借鉴经济增长中的收敛分析方法，构建雾霾排放收敛模型，定量考察雾霾污染动态累积效应大小，并对雾霾污染强度的区域差异进行收敛性检验。二是从网络结构视角出发，构建修正后的引力模型计算生产性服务业与制造业协同集聚的关联关系，采用社会网络分析方法研究生产性服务业与制造业协同集聚关联网络的演变格局，并剖析各省份在生产性服务业与制造业协同集聚关联网络中的地位、作用、类型、角色。三是基于"双轮驱动"视角，论述生产性服务业与制造业协同集聚对我国雾霾污染的作用机制和影响效应。突破单一产业集聚视角的限制，深入剖析生产性服务业与制造业协同集聚的理论机制、生产性服务业与制造业协同集聚对雾霾污染的作用机制。通过剖析生产性服务业与制造业协同集聚的理论机制可知，生产性服务业与制造业协同集聚同时受到产业关联层面和空间关联层面的双重影响，进而以产业关联视角和空间关联视角为着眼点，实证分析生产性服务业与制造业协同集聚对雾霾污染的影响效应。

第三章

生产性服务业与制造业协同集聚
对雾霾污染的理论分析

本章作为本书的理论基础之二，主要内容是剖析生产性服务业与制造业协同集聚对雾霾污染的作用机制。首先，对生产性服务业与制造业协同集聚的理论机制进行分析，发现产业关联层面的互动和空间关联层面的互动是促成生产性服务业与制造业协同集聚的重要条件。其次，对生产性服务业与制造业协同集聚影响雾霾污染的理论模型进行探讨。最后，由生产性服务业与制造业协同集聚的理论机制可知，生产性服务业与制造业协同集聚同时受到产业关联层面和空间关联层面的双重影响，因此从产业关联视角和空间关联视角出发，剖析生产性服务业与制造业协同集聚对雾霾污染的作用机制，为后续各章的实证分析奠定理论基础。

第一节　生产性服务业与制造业协同集聚的理论机制与形成条件

生产性服务业与制造业协同集聚在空间上以两者的空间关联和协同定位为表现特征，本章基于 Venables（1996）的垂直关联模型，并参考陈国亮和陈建军（2012）、周明生和陈文翔（2018）的研究思路，对生产性服务业与制造业协同集聚的机制进行研究。通常而言，垂直关联模型设定存在两地三产业，其中一个是完全竞争产业充当计价物，另外两个是垄断竞争产业，一个为上游产业，另一个为下游产业，并且二者以中间产品为沟通媒介（一个产业是另一个产业的中间产品投入）。此处，假设其中一个是制造业 M（下游产业），另一个是生产性服务业 S（上游产业），且上述产业均分布在两个地区，那么，产业 w 在两个地区的产量用 CES 生产函数可表示为

$$y_{ii}^w = (p_i^w)^{-\varepsilon^w} (p_i^w)^{\varepsilon^w-1} q_i^w \tag{3-1}$$

$$y_{ij}^w = (p_i^w t^w)^{-\varepsilon^w} (p_j^w)^{\varepsilon^w-1} q_j^w \tag{3-2}$$

$$(p_1^w)^{1-\varepsilon^w} = (p_1^w)^{1-\varepsilon^w} n_1^w + (p_2^w t^w)^{1-\varepsilon^w} n_2^w \tag{3-3}$$

$$(p_2^w)^{1-\varepsilon^w} = (p_1^w t^w)^{1-\varepsilon^w} n_1^w + (p_2^w)^{1-\varepsilon^w} n_2^w \tag{3-4}$$

式中：i、j 为地区；w 为产业；p_i^w、p_j^w 分别为 i、j 地区产品价格；y_{ii}^w 为在 i 地区生产同时在 i 地区的销售量；y_{ij}^w 为在 i 地区生产同时在 j 地区的销售量；t 为 w 产业从 i 地区运输到 j 地区的成本；$p_i^w t^w$ 为 w 产业在 i 地区的消费价格；q_i^w、q_j^w 分别为 i、j 地区企业数量；ε^w 为异质性产品所产生的替代弹性，且 $\varepsilon^w > 1$。

此处，假设 c_i^w 代表企业成本，$c_i^w f^w$ 代表固定成本，那么企业最优利润方程表达式为

$$\Pi_i^w = (p_i^w - c_i^w)(x_{ii}^w + x_{ij}^w) - c_i^w f^w \tag{3-5}$$

$$p_i^w \left(1 - \frac{1}{\varepsilon^w}\right) = c_i^w \tag{3-6}$$

$$y_{ii}^w + y_{ij}^w = f^w(\varepsilon^w - 1) \tag{3-7}$$

对上式分析可以发现，若 $\Pi_i^w = 0$，则表示两个地区具有同等的生产规模，即 $y_{22}^w + y_{21}^w = y_{11}^w + y_{12}^w$。为了获取地区产业产出分配模式，本章进一步计算地区的价格比、成本比和支出比表达式为

$$v^w = \frac{n_2^w p_2^w (y_{22}^w + y_{21}^w)}{n_1^w p_1^w (y_{11}^w + y_{12}^w)} \tag{3-8}$$

$$\rho^w = \frac{c_2^w}{c_1^w} = \frac{p_2^w}{p_1^w} \tag{3-9}$$

$$\eta^w = \frac{q_2^w}{q_1^w} \qquad\qquad (3-10)$$

式中：v^w、ρ^w、η^w 分别为两地产品的价格比、成本比和支出比。

借鉴 Venables（1996）的研究，可知 w 产业在两地区的分布 v^w 是 ρ^w（成本比）、η^w（支出比）、t^w（交易成本）的函数，其表达式为

$$v^w = \frac{\eta^w\left[(t^w)^{\varepsilon^w}-(\rho^w)^{\varepsilon^w}\right]-t^w\left[(\rho^w)^{\varepsilon^w}-(t^w)^{-\varepsilon^w}\right]}{\left[(t^w)^{\varepsilon^w}-(\rho^w)^{-\varepsilon^w}\right]-\eta^w t^w\left[(\rho^w)^{-\varepsilon^w}-(t^w)^{-\varepsilon^w}\right]} = g^w(\rho^w,\ \eta^w,\ t^w)$$

$$(3-11)$$

基于制造业的成本关联，本章假设 S 产业仅用劳动作为生产要素；M 产业用劳动、S 的产出作为生产要素，其中工资率为 ω，$\overline{\omega}$ 为地区的工资比，μ 为 M 在 S 部门的支出比例。那么，成本函数用 Dixit-Stiglitz 模型可表示为

$$\rho^s = \overline{\omega} \qquad\qquad (3-12)$$

$$c_i^m = \omega_i^{1-\mu}(p_i^s)^{\mu} \qquad\qquad (3-13)$$

$$\rho^m = \frac{c_2^w}{c_1^w} = \omega^{-1-\mu}\left(\frac{p_2^s}{p_1^s}\right)^{\mu} = \omega^{-1-\mu}\left[\frac{(t^s)^{1-\varepsilon^s}+\overline{\omega}^{-\varepsilon^s}v^s}{1+(t^s)^{1-\varepsilon^s}\overline{\omega}^{-\varepsilon^s}v^s}\right]^{\frac{\mu}{1-\varepsilon^s}} = l(\overline{\omega},\ v^s,\ t^s)$$

$$(3-14)$$

由理论分析可知，生产性服务业与制造业在产出方面存在垂直联系，表现为需求关联和成本关联两种模式。那么，i、j 地区消费者的支出构成制造业产品的最终需求为

$$\overline{\eta}^m = \frac{q_2^m}{q_1^m} \qquad\qquad (3-15)$$

$$\eta^s = \frac{n_2^m p_2^m (y_{22}^m+y_{21}^m)}{n_1^m p_1^m (y_{11}^m+y_{12}^m)} = v^m \qquad\qquad (3-16)$$

将式（3-14）、式（3-16）代入式（3-11），当区位处于均衡时，则

$$v^s = h^s(\overline{\rho}^s,\ \eta^s,\ t^s) = h^s(\overline{\omega},\ v^m,\ t^s) \qquad\qquad (3-17)$$

$$v^m = h^m(\overline{\eta}^m,\ \rho^m,\ t^m) = h^m[l(\overline{\omega},\ v^s,\ t^s),\ \overline{\eta}^m,\ t^m] \qquad (3-18)$$

对上式分析可知，生产性服务业与制造业相互影响，通过需求关

联和成本关联来促进生产性服务业与制造业的协同集聚。

值得关注的是，以上分析均设定 ω、η^m、t^s 和 t^m 是外生的，此处，可将 S、M 协同集聚看作一个综合体，其最终表达式为

$$F(v^s,\ v^m) = F(\eta^s,\ \eta^m,\ \overline{\omega},\ t^s,\ t^m) \tag{3-19}$$

式中：η^s 为产业关联层面的互动，即 M 对 S 的需求；η^m 为居民对 M 的需求（本章不做考虑）；$\overline{\omega}$ 为要素成本，用地区的工资比表示；t^s、t^m 分别为空间要素、空间关联层面的互动。

第二节　生产性服务业与制造业协同集聚影响雾霾污染的理论模型

在探究生产性服务业与制造业协同集聚影响雾霾污染的理论模型上，本章参考了 Copeland–Taylor 模型、李筱乐（2014）以及杨仁发（2015）的研究思路，引入集聚函数来构建生产性服务业与制造业协同集聚影响雾霾污染的线性模型，分析生产性服务业与制造业协同集聚发展对雾霾污染的影响。

一　生产函数

倘若企业的生产技术符合 Cobb–Dauglas 生产函数，只需资本（K）以及劳动（L）两种要素投入，并且规模报酬保持不变，那么其生产函数的表达式为

$$f(K,\ L) = K^{\alpha}L^{1-\alpha} \tag{3-20}$$

随着地区经济的发展，众多类似的企业在同一地区不断涌入，生产性服务业与制造业协同集聚水平得到提升时，企业生产函数的表达式为

$$F(K,\ L) = G(coagglo) \cdot f(K,\ L) \tag{3-21}$$

$$G(coagglo) = \exp(\varpi\ coagglo) \tag{3-22}$$

式中：$G(coagglo) = \exp(\varpi\ coagglo)$ 为生产性服务业与制造业协同集聚函数，区内企业的产出水平受集聚效应和拥挤效应的影响；$coagglo$ 为区内生产性服务业与制造业协同集聚发展水平；ϖ 的符号方向依

赖集聚效应和拥挤效应的大小。

假定区内企业在生产产品 M 的同时也会产生环境污染物 P。污染物 P 会产生一定的社会成本，究其原因在于给区内其他生产者、消费者带来环境的负外部效应。在政府环境规制的约束下，企业需要为其产生的环境污染物承担部分社会成本，如缴纳特定比例的环境税、排污费以及购买排污许可权等。任何企业都是理性的，以利润最大化为发展宗旨，不可能任意排放污染物，而是将一部分生产资源用于减少环境污染物的排放。倘若企业排污的社会成本为 ψ，那么 $\phi = \psi / F$ 为用于治理环境污染的生产要素占总生产要素的比例，其中 $\phi \in [0, 1]$。当 $\phi = 0$ 时，表明企业并没有支付任何资源用于排污，此时的产出 F 为企业的最大生产潜能；当 $0 < \phi \leqslant 1$ 时，表明企业用 ϕ 部分的生产要素排污，此时 $(1-\phi)F$ 为企业的最大生产潜能。产量 (M)、排污量 (P) 以及排污函数 (Γ) 的表达式如下：

$$M = (1-\phi) \cdot F(K, L) \tag{3-23}$$

$$P = \Gamma(\phi) \cdot F(K, L) \tag{3-24}$$

$$\Gamma(\phi) = T^{-1}(1-\phi)^{1/n} \tag{3-25}$$

式中：$\Gamma(\phi)$ 为 ϕ 的减函数；T 为技术进步；n 为环境污染要素投入占生产总成本的比重，且 $n \in (0, 1)$；$\Gamma'(\phi) < 0$，$\Gamma''(\phi) > 0$。

对上式进行整合重组，可以发现产量 (M) 是排污量 (P) 和潜在产出 (F) 两种要素投入的最终输出产品，并且规模报酬保持不变，最终可获得 M 的生产函数表达式：

$$M = (TP)^n \cdot [F(K, L)]^{1-n} \tag{3-26}$$

二　生产决策

理性的企业均会以追求利润最大化为发展目标，那么对上述假设分析可知，有两个独立的生产决策可供企业选择。

生产决策一：从要素市场角度出发，基于外生给定的资本成本 (r) 和劳动力工资 (ω)，寻找选择最优的 r—ω，使得总生产成本 C_F 最小：

$$C_F(r, \omega) = \min\{r\widetilde{K} + \omega\widetilde{L}, \ F(\widetilde{K}, \widetilde{L}) = 1\} \tag{3-27}$$

$$TRS_{KL} = (\partial F / \partial K) / (\partial F / \partial L) = \omega / r \tag{3-28}$$

生产决策二：从产品市场角度出发，基于外生给定的排污社会成本（ψ）和总生产成本（C_F），寻找选择最优的 P—F，使得生产单位 M 的成本 C_M 最小：

$$C_M(\psi,\ C_F) = \min\{\psi(TP) + C_F F,\ (TP)^n F^{1-n} = 1\} \tag{3-29}$$

$$(1-n)/TP/nF = C_F/\psi \tag{3-30}$$

三 排污决策

在制定生产决策之后，需要着重分析企业的排污决策方案。假设产品 M 的价格 L_M 是外生给定的，且是完全竞争市场，该企业的利润为 0。那么，最终可获得总收益（TR）、利润（$\prod$）和总成本（TC）的函数表达式为

$$TR = \prod + TC \tag{3-31}$$

$$L_M M = C_F F + \psi TP \tag{3-32}$$

对上式进行移项分解、整合可得排污量（P）的表达式如下：

$$P = nL_M M/\psi T = (L_M M + L_P P)\frac{n}{\psi T}\frac{L_M M}{L_M M + L_P P} \tag{3-33}$$

令 $\Theta = L_M M + L_P P$，$\eta_M = \dfrac{L_M M}{L_M M + L_P P}$，其中 Θ 为规模效应，η_M 为结构效应，那么排污量（P）的表达式为

$$P = \Theta \frac{n}{\psi T}\eta_M \tag{3-34}$$

考虑到生产性服务业与制造业协同集聚发展水平的高低对地区产业规模、经济结构以及产业间技术溢出存在一定的影响，可进一步得到生产性服务业与制造业协同集聚对产业规模、经济结构、技术溢出的影响表达式为

$$\Theta = \Theta'(coagglo),\ \eta_M = \eta_M'(coagglo),\ T = T'(coagglo) \tag{3-35}$$

将式（3-35）代入式（3-34），两边同取对数可得

$$\ln P = \ln\Theta'(coagglo) + \ln n + \ln\eta'_M(coagglo) - \ln T'(coagglo) - \ln\psi \tag{3-36}$$

从式（3-36）中可以看出，生产性服务业与制造业协同集聚与环境污染密不可分，受到产业规模、经济结构、技术溢出等方面的影响。

第三节　产业关联视角下生产性服务业与制造业协同集聚对雾霾污染的影响机制分析

随着经济全球化以及产业分工的逐步深入，存在关联的产业已经形成相互影响、密不可分的关联体，产业之间具有明显供给和需求的关系，表现为某一产业在对其他产业发展产生直接或间接影响的同时，也会在一定程度上受到相关产业潜移默化的影响。在由发达国家跨国公司掀起的"全球价值链革命"中，发展中国家在对外贸易中过度依赖全球市场以及跨国公司生产技术的现状并未改观，制造环节仍被锁定在全球价值链（GVC）的低端，难以沿"微笑曲线"两端延伸高端价值产业链条，为了减轻国际化浪潮对国内市场的冲击，发展中国家往往倾向于借助产业集聚来扩张经济发展规模，凸显发展中国家在全球价值链中的竞争优势（Humphrey and Schmitz，2002；蔡海亚和徐盈之，2017）。如今，随着制造业全球分工以及产业链的不断延伸，企业所创造的利润主要来源于高成长性、高科技含量、高附加值、高人力资本的生产性服务业。生产性服务业贯穿制业生产价值链的全部环节，生产性服务业与制造业协同集聚产生的规模经济和技术溢出效应有助于降低单位环境污染产出，同时两者协同集聚可以通过产生竞争效应、学习效应、专业化效应以及规模经济效应等对制造业的产业升级、效率提高形成飞轮效应，有助于促进制造业升级，从而缓解日益严重的雾霾污染。产业关联视角下生产性服务业与制造业协同集聚对雾霾污染的影响机制主要体现在以下四个方面，如图3-1所示。

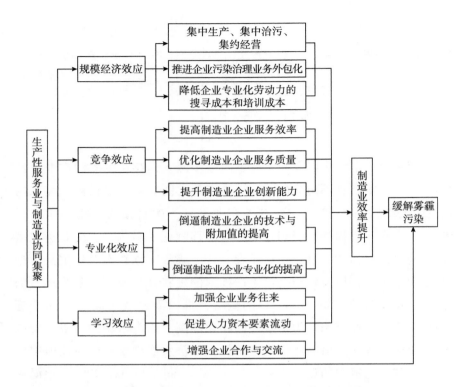

**图 3-1　生产性服务业与制造业协同集聚、制造业效率提升与
雾霾污染的影响机制**

**　　一　生产性服务业与制造业协同集聚—规模经济效应—制造业效
率提升—缓解雾霾污染**

　　规模经济效应是一种成本优势效应，随着生产性服务业与制造业
的关联行业和企业在特定区域内的不断汇聚，有助于技术、资金、信
息、设备和资源等多种生产要素的相对集中。生产性服务业具备高成
长性、高科技含量、高附加值、高人力资本等特点，贯穿制造业生产
价值链的全部环节，生产性服务业与制造业协同集聚水平越高，意味
着产业协同集聚规模效应越显著。生产性服务业与制造业协同集聚规
模经济效应主要从集中生产、集中治污、集约经营、推进企业污染治
理业务外包化、降低企业专业化劳动力的搜寻成本和培训成本等方面
提升制造业效率，从而缓解雾霾污染。

　　一是集中生产、集中治污、集约经营。随着生产性服务业与制造业在某一区域不断集聚，区内生产性服务业与制造业协同集聚共生性的逐步增强，生产性服务业与制造业上下游生产环节互联互通，产业协同集聚规模的增大有利于污染物和废弃物的集中治理，致使生产、生活以及经营成本降低，最终实现治理的规模经济（刘军等，2016）。

　　二是推进企业污染治理业务外包化。业务外包主要指企业以外加工方式将生产委托给第三方专业化团队，进一步降低企业成本、分散企业风险以及提高企业效益。生产性服务业与制造业协同集聚有利于制造业企业进行价值链的重新分解，将污染治理业务价值链上的活动进行外包，推动了专业化的第三方污染物治理市场的形成，有利于污染治理的专业化与规模化。

　　三是降低企业专业化劳动力的搜寻成本和培训成本。由于生产性服务业与制造业企业在区域内集聚，促进集聚周边地区形成专业化劳动力市场，相关企业既可以获取稳定的劳动力供给，还可以及时雇用到熟练的劳动力，在一定程度上压缩了制造业所需专业化劳动力的搜寻成本和培训成本，有助于提升制造业企业办公的管理效率，降低了企业办公管理污染物的排放量（李思慧，2011）。

二　生产性服务业与制造业协同集聚—竞争效应—制造业效率提升—缓解雾霾污染

　　生产性服务业与制造业高度协同集聚在某一区域时往往容易形成显著的竞争效应，并且这种竞争效应在横向集聚中显得极为明显。究其原因在于，同类企业大规模汇聚在特定地理空间资源范围内占用着有限的公共资源，随着区内生产性服务业与制造业协同集聚水平的提升，致使制造业企业均处于高强度竞争的环境中。相关制造业企业加剧了对资金、劳动力、市场、资本、公共基础设施等要素的争夺，有助于制造业企业不断进行自主革新，推动制造业企业服务效率的提高、推动制造业企业服务质量的优化、推动制造业企业创新能力的提升，从而在一定程度上降低单位产出的污染物排放量（严北战，2011）。

　　一是推动制造业企业服务效率的提高。随着竞争压力的不断增大，集聚在区域内的生产性服务业为了获得更多的生产资源以及拥有更大的市场占有率，往往趋于主动或被动降低服务价格，大大压缩了制造业企业获取中间生产性服务的成本，扩大了制造业企业的盈利空间，为制造业企业向价值链两端延伸提供了良好的资金支持。

二是推动制造业企业服务质量的优化。由于区内生产性服务业处于高度竞争状态，能够激励各类生产性服务业企业为制造业企业提供价格低廉且品质优良的服务流程与服务质量，因而在一定程度上改善了制造业企业的服务外包环境，促使制造业企业将治污环节全部外包，专注提升自身的制造业环节产品的附加值，减少污染物的排放。

三是推动制造业企业创新能力的提升。随着生产性服务业竞争程度的白热化，各生产性服务业企业为了提高企业核心竞争力，不断在技术、设备和管理模式等方面进行创新，满足了制造业企业需要的差异化生产性服务，在一定程度上降低了制造业企业获取异质性生产性服务的不确定性成本，有助于制造业企业增加绿色创新的研发投入。

三　生产性服务业与制造业协同集聚—专业化效应—制造业效率提升—缓解雾霾污染

生产性服务业是社会化分工的产物，其本身就存在一定的专业化水平。同类企业的快速集聚又会增强服务环节的专业化分工，进一步加深生产性服务业与制造业协同集聚的专业化效应。市场竞争的加剧改变了企业"大而全"的经济结构，众多产业链垂直型的企业高度聚集，使生产性服务业的服务性质发生转变，从开始的多功能化转变为单功能化。例如，综合型生产性服务业也开始从事单一精细化和专业化服务，大大提升了专业化的业务水平，倒逼制造业绿色技术水平的提升。

一方面，倒逼制造业企业的技术与附加值的提高。随着产业分工以及产业专业化程度的不断加深，制造业的产业结构升级从整体向内部进行转变，更加注重价值链的单一环节、工艺、阶段的局部升级而非价值链整体的升级，生产性服务业集聚提供的专业化服务恰好满足了制造业局部升级的内在需求。随着区域内生产性服务业与制造业协同集聚水平的提升，生产性服务业更加注重专业化发展，集中在单一服务的精细化与高端化为制造业企业提供了较为专业化的中间投入服务，倒逼制造业企业在单一经营技术水平的进步、产品附加值的攀升，降低了环境污染物的排放。

另一方面，倒逼制造业企业专业化的提高。专业化使提供的服务种类减少，推动了市场精细化程度的快速发展，生产性服务业企业更加专注于自身核心业务，专业化水平也随之得到发展，有助于企业创新能力的提升。由于生产性服务业与制造业是上下互通的，因此生产性服务业企业可以在一定程度上将创新能力渗透到制造业企业的生产环节中，带动了制造业效率的有效提升，缓解了单位污染物的排放。

四　生产性服务业与制造业协同集聚—学习效应—制造业效率提升—缓解雾霾污染

学习效应是技术、信息、知识溢出的动态过程，主要包括显性知识和隐性知识两个方面，其中显性知识的获取和溢出都相对容易；而隐性知识的获取与溢出较难，但其对企业创新推动作用更大。生产性服务业与制造业协同集聚使区域内生产性服务业和制造业企业自身以及相关联企业可以进行面对面的沟通，有助于企业借助正式或非正式网络手段获取行业技术前沿与知识更新。特别是生产性服务业企业可以将隐性知识输送到制造业企业，促进制造业企业产生知识和技术外溢效应，提升制造业效率，进而实现减少环境污染的目的（陈建军等，2009）。生产性服务业与制造业协同集聚对制造业企业的学习效应，实现降低环境污染主要表现在以下几方面。

一是加强企业业务往来。产业协同集聚加剧了生产性服务业与制造业的业务往来，并且生产性服务业企业提供的中间投入服务具有一定的技术含量，有助于将技术、知识、信息等要素灌输融入制造业企业的生产价值链中，从而降低单位产出污染。

二是促进人力资本要素流动。生产性服务业具备高人力资本的特点，企业业务往来致使生产性服务业企业之间以及其与制造业企业之间均存在多层次密切的人员流动，加剧了高素质的劳动力从生产性服务业企业流向制造业企业，有助于激发高素质人力资本的隐性知识溢出与共享，进一步促进制造业绿色价值链的提升（Keeble and Wilkinson，2002）。

三是增强企业合作与交流。随着生产性服务业与制造业协同集聚水平的提升，生产性服务业与制造业双方企业共同参与研讨会、报告、实地考察、高校、科研机构等方面的横向与纵向合作也在逐步加深，有助于双方实现信息互惠共通，加强生产性服务业企业技术创新成果流向制造业企业。

第四节　空间关联视角下生产性服务业与制造业协同集聚对雾霾污染的影响机制分析

由第一节生产性服务业与制造业协同集聚的理论机制可知，生产性服务业与制造业协同集聚同时受到产业关联层面和空间关联层面的双重影响。第三节主要从产业关联视角剖析生产性服务业与制造业协同集聚对雾霾污染的影响机制，但新经济地理学认为产业在特定空间范围内的集聚存在显著的规模经济特征和各种外溢效应，有利于企业集中生产、治污、经营以及对环境的集中消耗，因此生产性服务业与制造业协同集聚可能也在较大程度上受到空间地理距离的影响。空间关联是指具有不同比较优势的产业部门运用要素流动和产业转移两种手段促进产业空间上的格局重组。因而，本章主要参考陈国亮和陈建军（2012）、陈晓峰（2015）、张振刚等（2014）的思路，着重从空间关联视角分析生产性服务业与制造业协同集聚对雾霾污染的影响机制。

一　空间集聚效应

生产性服务业与制造业协同集聚的空间集聚效应主要为内部规模经济和外部规模经济共同作用的结果，并借助这两个角度产生的效应对雾霾污染产生一定的影响。其中，生产性服务业与制造业协同集聚形成的内部规模经济往往同企业生产规模成正比，生产性服务业和制造业在产业上密切合作、上下贯通与相互促进，加速了两大部门企业在空间上的邻近分布。生产性服务业与制造业大范围地在空间上集聚，在一定程度上压缩了生产性服务业与制造业两个部门之间"面对面"产生的额外交易费用，有助于生产性服务业更加专注掌握制造业对中间服务投入的需求动向，提升部门绿色管理运行效率。同时，生产性服务业与制造业也存在相互吸引、集聚的诉求，有助于污染的集中治理。一方面，制造业部门渴望企业邻近生产性服务业在选择中间服务投入时可以选择更多的供应者；另一方面，生产性服务业渴望在企业邻近制造业获得更多需求者的同时进一步提升市场竞争力。外部规模经济与产业层面的规模收益递增具有高度正相关性。外部规模经济可以借助前后向关联机制将生产性服务业与制造业企业紧密联系在一个特定的空间范围内，进而促进本地形成一个具有较大容量的市场。在这个特定的容量市场内，生产性服务业与制造业及其利益关联者均可以获利，如分享劳动力市场、获取特定中间产品，以及获得相关的知识溢出、技术溢出、资本溢出等，从而有利于缓解地区环境污染。

二　空间溢出效应

值得关注的是，在当前市场经济体制下，由于生产要素在区域间具有可移动与可交换性属性，一个地区生产性服务业与制造业协同集聚水平存在难以避免的空间自相关性和空间溢出效应，具体表现在一个地区的生产性服务业与制造业协同集聚水平在受到自身经济发展影响的同时，往往还可能受到周边地区生产性服务业与制造业协同集聚水平的影响，即区域与区域之间发生的经济行为产生了生产性服务业与制造业协同集聚的空间溢出效应，进而有助于缓解地区雾霾污染。当一个地区生产性服务业与制造业协同集聚水平高于周边相邻地区时，致使该区域有了核心竞争力，并产生空间溢出效应。其主要原因在于：一方面，由于生产性服务业具备高成长性、高科技含量、高附加值、高人力资本等特点，贯穿制造业生产价值链的全部环节，具有高知识密集、高产品流动性特征，在自身发展的同时通过现代物流、信息技术、基础设施等生产性服务业的中间媒介作用产生竞争效应、学习效应、专业化效应以及规模经济效应，多方面对制造业的产业升级、效率提高形成飞轮效应，其产生的知识溢出效应能够突破空间的限制，有助于缓解地区雾霾污染；另一方面，邻近区域的发展一般存在趋同性，类似的资源禀赋与文化环境有利于地区资本、技术、劳动力、知识、信息等资源在地区间溢出，降低了地区要素溢出的成本，促使地区增强对创新研发的投入力度，在一定程度上缓解了雾霾污染。

三 商务成本

生产性服务业与制造业协同集聚比单一产业集聚现象更为复杂，究其原因在于生产性服务业集聚主要集中出现在中心城市和大都市，城市规模也是影响生产性服务业与制造业协同集聚的重要条件。部分学者研究指出，城市规模、不同级别城市和交易成本是影响生产性服务业与制造业空间协同定位的重要因素，城市规模可以通过改变商务成本来影响产业协同集聚，促使生产性服务业与制造业在城市内产生动态交替的互补效应和挤出效应（陈国亮和陈建军，2012；陈娜和顾乃华，2013）。商务成本主要由要素成本和交易成本两个方面构成。随着地区城市规模的不断壮大，其商务成本也在增长，具体表现在地区要素成本呈现上升趋势，交易成本呈现下降趋势。一方面，在城市规模发展初期，城市规模较小，此时要素成本远远低于交易成本，商务成本总体较低，离心力小于向心力，有利于制造业的快速集聚并占据主导产业地位，而此时生产性服务业发展较为滞后，远远落后于制造业发展水平，导致该阶段制造业主要对生产性服务业产生挤出效应；另一方面，随着城市的不断发展，城市规模不断壮大，当商务成本达到一定临界值时，两者的向心力逐渐增强，生产性服务业与制造业协同集聚的互补效应开始变大。当商务成本达到一定高度后，要素成本远远高于交易成本，商务成本总体较高，离心力大于向心力，有助于生产性服务业快速集聚并占据主导产业地位，而此时制造业发展较为滞后，远远落后于生产性服务业的发展水平，导致该阶段生产性服务业主要对制造业产生挤出效应。因此，商务成本在生产性服务业与制造业之间有一个平衡点，在该平衡点上生产性服务业与制造业协同集聚水平可以达到最优。

第四章

中国雾霾污染强度的地区差异
与收敛性研究

在理论分析的基础上，本章对中国雾霾污染强度的发展现状展开研究，主要借助泰尔指数测算及其嵌套分解方法对 2001—2016 年中国雾霾污染强度的地区差异进行测算和分解，将总体差异进行三大区域的内部差异和结构差异分解，同时借鉴经济增长中的收敛分析方法，构建雾霾排放收敛模型，定量考察雾霾污染动态累积效应，并对中国雾霾污染强度的区域差异进行收敛性检验。

第一节　引言

市场改革与对外开放并举的政策，给中国经济带来长达三十多年的高速增长，创造了令世界惊叹的"中国奇迹"。但值得深思的是，国际金融危机的爆发导致世界经济下滑，中国经济也告别了两位数的高速增长，降至 7%—8% 的增长速度，进而转入次高增长阶段（黄群慧，2014）。这并非由经济的周期性所致，而是以"结构性加速"为特征的工业化时期向以"结构性减速"为特征的城市化时期转换的产物，表明中国经济开始进入"三期叠加"① 和"三重冲击"② 的新常

---

① 三期叠加是指增长速度换挡期、结构调整阵痛期和前期刺激政策消化期。
② 三重冲击是指资本积累速度下降、人口红利消失和"干中学"技术进步效应削减。

态阶段（于斌斌，2015）。毋庸置疑，中国的经济增长方式仍较为粗放，经济的高增长是以高能耗和高排放为代价，高能耗与低能效的叠加效应导致生态环境恶化，经济增长奇迹与环境污染的矛盾日益突出。近年来，中国中东部和南部地区雾霾现象频发，以 PM2.5 和 PM10 为主要成分的雾霾污染笼罩在城市上空，对居民的身体健康和社会经济运转造成严重的威胁，雾霾污染问题受到政府部门和学术界的高度关注。

　　通过第二章对雾霾污染的文献梳理可知，既有研究尚存在以下不足之处：一是对雾霾污染的定量分析还不够深入，雾霾污染的研究对象主要集中在全国、省域、城市等宏观层面，而从区域差异角度对雾霾污染进行定量测算，剖析其时空差异的研究相对缺乏。二是部分学者对空气污染物收敛性的研究主要集中于 CO_2、SO_2、烟尘、粉尘等污染物（赵楠等，2015；齐红倩和王志涛，2015；刘亦文等，2016），尚没有关于雾霾收敛问题的研究。三是很少有人考察雾霾污染是否存在路径依赖现象，定量衡量其动态累积效应的文献屈指可数。本章将关注以上问题，并从两个方面进行突破：一是借助泰尔指数的测算及其嵌套分解方法，系统地剖析中国各省份雾霾污染的地区差异，并对总体差异进行三大区域的内部差异和结构差异分解。二是借鉴经济增长中的收敛分析方法，构建雾霾排放收敛模型，定量考察雾霾污染的动态累积效应，并对雾霾污染强度的区域差异进行收敛性研究。

第二节　方法、模型与数据说明

一　泰尔指数的测算及其嵌套分解方法

　　泰尔指数（Theil Index）可以衡量地区之间的差异程度，其系数值大小与地区差异成正比。与其他同类测算方法相比，泰尔指数的优势是能够将总体差异进行拆分，以准确衡量组内差异、组间差异的作用大小及其在总体差异中的贡献程度。本章借助该指数来测算雾霾污

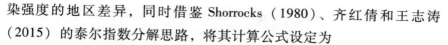

染强度的地区差异，同时借鉴 Shorrocks（1980）、齐红倩和王志涛（2015）的泰尔指数分解思路，将其计算公式设定为

$$T = \sum_i \sum_j \left(\frac{H_{ij}}{H}\right) \ln\left(\frac{H_{it}/H}{G_{ij}/G}\right) \tag{4-1}$$

式中：i 为省份个数；j 为区域个数；T 为总体泰尔指数；H 为全国雾霾污染年均浓度值；H_{ij} 为 j 区域内第 i 个省份雾霾污染年均浓度值；G 为国内生产总值；G_{ij} 为 j 区域内第 i 个省份的国内生产总值。

为了反映区域间和区域内的差异程度，进一步对泰尔指数进行拆分，令 T_n 为 j 区域内 i 个省份间雾霾污染强度的差异大小，其计算公式为

$$T_n = \sum_i \left(\frac{H_{ji}}{H_j}\right) \ln\left(\frac{H_{ji}/H_j}{G_{ji}/G_j}\right) \tag{4-2}$$

泰尔指数的分解如下。

总体差异：

$$T = T_w + T_b = \sum_j \left(\frac{H_j}{H}\right) T_n + T_b \tag{4-3}$$

组内差异：

$$T_w = \sum_j \left(\frac{H_j}{H}\right) T_n = \sum_i \sum_j \left(\frac{H_j}{H}\right)\left(\frac{H_{ji}}{H_j}\right) \ln\left(\frac{H_{ji}/H_j}{G_{ji}/G_j}\right) \tag{4-4}$$

组间差异：

$$T_b = \sum_j \left(\frac{H_j}{H}\right) \ln\left(\frac{H_j/H}{G_j/G}\right) \tag{4-5}$$

式中：T_w 为组内差异；T_b 为组间差异；H_j 为 j 区域内雾霾污染年均浓度值；G_j 为 j 区域内的国内生产总值。此外，T_w/T 和 T_b/T 还可以反映组内差异和组间差异对总体差异的贡献程度。

二　收敛性理论与模型

收敛性理论起源于新古典增长理论，是现代经济增长理论不可或缺的组成部分。该理论在早期应用于经济增长领域，主要是研究区域间的发展不均衡。随着时间的推移和应用的推广，该理论被用于经济

增长、能源效率、能源强度、全要素生产率等研究领域（刘生龙和张捷，2009；孙传旺等，2010；郑君君等，2013；杨翔等，2015），主要包括 σ 收敛、β 收敛和俱乐部收敛三种方式。

（一）σ 收敛

σ 收敛反映了不同经济实体之间人均收入或产出的离差值随时间推移所呈现的逐渐减少的态势，也是对存量水平的一种描述（齐绍洲和李锴，2010）。本章采用变异系数来揭示地区雾霾污染强度与总体水平的差异程度及其动态演变过程，其计算公式为

$$\sigma_t = \frac{\sqrt{\sum_{i=1}^{n}(H_{i,t}-\overline{H_t})^2/n}}{\overline{H_t}} \tag{4-6}$$

式中：$H_{i,t}$ 为 i 区域在 t 时期的雾霾污染强度；$\overline{H_t}$ 为在 t 时期雾霾污染强度均值。当 $\sigma_{t+1}<\sigma_t$ 时，表示随着时间的推移，雾霾污染强度的离散系数值在逐渐缩小，存在 σ 收敛。

（二）β 收敛

β 收敛反映了不同经济实体之间人均产出增长率与其初始水平存在的负向关联度，即经济发达区域的增长速度往往慢于经济欠发达区域的增长速度。由于经济实体发展存在异质性特征，β 收敛又可以分为绝对 β 收敛和条件 β 收敛。

1. 绝对 β 收敛

绝对 β 收敛假定研究区域存在相同的环境规制、经济产出、能源效率、产业结构等诸多条件，不同经济实体的雾霾污染强度随着时间的推移收敛在相同的稳态层面。本章借鉴 Barro（1996）的做法，构建了如下绝对 β 收敛模型：

$$\ln(H_{i,t+T}/H_{i,t})/T=\alpha+\beta\ln H_{i,t}+\mu_{i,t} \tag{4-7}$$

式中：α 为常数项；β 为回归系数；$\mu_{i,t}$ 为误差项；i 为不同的经济实体；t 为时期；$\ln(H_{i,t+T}/H_{i,t})/T$ 为 i 经济实体从 t 到 $t+T$ 时期雾霾污染强度的平均增长率；T 为期初与期末的时间间隔。若 $\beta<0$，则说明雾霾污染强度的增长与其初始水平存在负向关联度，雾霾污染强度低

的经济实体增长速度快于雾霾污染强度高的经济实体，即存在绝对 β 收敛。根据收敛理论，得到如下收敛速度表达式：

$$\beta = -\frac{1-e^{-\lambda T}}{T} \tag{4-8}$$

2. 条件 β 收敛

与绝对 β 收敛不同，条件 β 收敛假定研究区域存在不同的环境规制、经济产出、能源效率、产业结构等诸多条件，随着时间的推移，不同经济实体的雾霾污染强度会收敛在同一稳态层面。绝对 β 收敛模型若纳入多个控制变量，则变为条件 β 收敛模型。本章根据已有的研究成果，考虑到经济系统与环境系统的紧密性和复杂性，加入了能源效率（$Eenrgy$）、机动车辆（$Vehi$）、环境规制（$Regu$）、产出水平（$Pgdp$）、产业结构（$Structure$）、城市供暖（$Heat$）、城镇化水平（Ur-ban）等控制变量。此外，本章还将雾霾污染的动态累积效应考虑进来，将雾霾污染的滞后一期引入模型中，在式（4-7）的基础上构建了如下条件 β 收敛模型：

$$\begin{aligned}(\ln H_{i,t+T}-\ln H_{i,t})/T &= \alpha+\beta\ln H_{i,t}+\gamma_j X_{i,t}+\mu_{i,t}\\ &= \alpha+\beta\ln H_{i,t}+\gamma_0\ln H_{i,t-1}+\gamma_1 Energy_{i,t}+\gamma_2 Vehi_{i,t}+\\ &\quad \gamma_3 Regu_{i,t}+\gamma_4 Pgdp_{i,t}+\gamma_5 Structure_{i,t}+\gamma_6 Heat_{i,t}+\\ &\quad \gamma_7 Urban_{i,t}+\mu_{i,t}\end{aligned} \tag{4-9}$$

式中：γ_0、γ_1、γ_2、γ_3、γ_4、γ_5、γ_6、γ_7 均为控制变量的估计系数。

（三）俱乐部收敛

由经济俱乐部收敛可知，即便特征相似的国家（地区），也不一定收敛于同一稳态层面，经济发展的初始状态对其最终水平往往具有决定性作用（Barro，1995）。那么，雾霾污染强度是否也同样存在俱乐部收敛现象？我国的经济具有典型的梯度特征，雾霾污染强度的地区差异变化可能主要源于区域内部。基于此，本章从地理空间的视角出发，将全国划分为东、中、西三个梯度，讨论其各自的雾霾污染强度收敛情况，并将虚拟变量 D_{ji} 纳入俱乐部检验模型，其中 $j=1$，2（中部=1，西部=2），当省份 i 落在地区 j 内时，$D_{ji}=1$，反之为 0。我们对虚拟变量的回归系数进行检验，若其显著不为 0，即俱乐部收敛存在；反之则不存在。借鉴吴立军和田启波（2016）的做法，在原收敛分析的模型中引入组别虚拟变量，以进一步减少模型拟合的个数。俱乐部收敛模型可以表示为①

$$(\ln H_{i,t+T} - \ln H_{i,t})/T = \alpha_0 + \alpha_1 D_{1,i,t} + \alpha_2 D_{2,i,t} + \beta_0 \ln H_{i,t} + \beta_1 (D_{1,i,t} \ln H_{i,t}) +$$
$$\beta_2 (D_{2,i,t} \ln H_{i,t}) + \mu_{i,t} \tag{4-10}$$

其中，$(\ln H_{i,t+T} - \ln H_{i,t})/T = \alpha_0 + \beta_0 \ln H_{i,t} + \mu_{i,t}$ 表示基础类型，即俱乐部 I 。

$(\ln H_{i,t+T} - \ln H_{i,t})/T = \alpha_0 + \alpha_1 D_{1,i,t} + \beta_0 \ln H_{i,t} + \beta_1 (D_{1,i,t} \ln H_{i,t}) + \mu_{i,t}$ 表示俱乐部 II ；$D_{1,i,t}$ 为虚拟变量；1 为俱乐部 II ；0 为其他俱乐部。

$(\ln H_{i,t+T} - \ln H_{i,t})/T = \alpha_0 + \alpha_2 D_{2,i,t} + \beta_0 \ln H_{i,t} + \beta_2 (D_{2,i,t} \ln H_{i,t}) + \mu_{i,t}$ 表示俱乐部 III ；$D_{2,i,t}$ 为虚拟变量；1 为俱乐部 III ；0 为其他俱乐部。

三　数据说明

（一）核心解释变量

雾霾污染（H），雾霾的主要成分是 PM2.5 和 PM10（单位为毫克/立方米），是由多种因素交叉作用形成的一种典型的大气污染现象。与 PM10 相比，PM2.5 具有小颗粒、活性强、输送距离远、分布广、空气停留时间长、易携带有毒物质等特性，其对居民生活和大气环境的危害程度远高于 PM10。因此，本章采用 PM2.5 来反映雾霾污染。考虑到我国 PM2.5 数据不完整，对 PM2.5 的统计只限于省会城市和重点城市，加之省会城市是全省的经济活动中心，故本章的各省份 PM2.5 统计数据用省会城市的数据替代②。

（二）控制变量

（1）能源效率（$Energy$）。长期以来，政府以追求高速经济增长为政绩考核准则，不断扩大招商引资的规模，导致部分资本快速流入高耗能、高污染的重工业，而绿色环保类产业的投资严重不足，对环

---

① 第 I 俱乐部包括北京、天津、河北、辽宁、上海、江苏、浙江、福建、山东和海南；第 II 俱乐部包括山西、吉林、黑龙江、安徽、江西、河南、湖北和湖南；第 III 俱乐部包括四川、贵州、云南、重庆、陕西、甘肃、青海、宁夏、新疆、内蒙古和广西。

② 参照国家环保部发布的《2013 年中国环境状况公报》和《2014 年中国环境状况公报》中国雾霾日数分布图，可以发现省会城市雾霾污染程度均高于全省平均水平，并且各省份雾霾污染程度与其省城市 PM2.5 大致吻合，可信度较高。

境技术进步的激励机制较为匮乏，抑制了企业的技术进步与创新。此外，当前环境管制涉及的企业较少，导致市场对污染控制技术的需求不足，环境技术产业缺乏长期发展的原动力。本章用地区生产总值与能源消费总量的比值来衡量各地区的能源效率，单位为万元/吨标准煤。

（2）机动车辆（$Vehi$）。随着交通网络的便捷化以及居民生活水平的提升，民众对交通出行便利的需求逐年增长，机动车辆的数量增长迅速，尾气排放量快速攀升。机动车辆数量的不断增加，又使道路出现拥挤现象，大大减缓了行车速度。魏巍贤和马喜立（2015）发现，车速若低于20千米/小时，车辆排放的一氧化碳、二氧化硫及碳氢化合物就会增加。车辆的尾气排放量倘若超过城市大气的自我净化能力，就会进一步加剧大气的污染。本章用人均汽车拥有量代表各地区的机动车辆情况，单位为辆/万人。

（3）环境规制（$Regu$）。由于环境污染现象存在负外部性属性，政府需要制定相关政策对企业经济活动进行宏观调控，以促进环境系统与经济系统的协调发展。有效的环境规制能够促进产业结构变革，加速企业绿色产业链的构建，实现企业经济效应与环保效应双赢，促进产业与生态环境的协调发展。本章用工业污染治理完成投资与地区生产总值的比值反映各地区的环境规制情况，单位为%。

（4）产出水平（$Pgdp$）。一般来讲，地区的产出水平与其经济发展规模高度正相关，产出水平越高，意味着消耗了越多的资源要素，产生的经济活动附属品（污染物排放）也就越多，这会造成地区生态环境质量的下降。产出水平也可以作为衡量地区经济发展和居民生活水平的基本标准，居民生活水平提升后就会对居住环境质量提出要求，而政府加大对环境治理的投资力度有助于改善区域环境质量。环境库兹涅茨曲线（EKC）通常呈现倒"U"形，人均收入的一次方项和二次方项应一起纳入模型中。但相关学者（许广月和宋德勇，2010；周杰琦，2014）指出人均GDP与其平方项存在高度相关性，容易引发多重共线性问题，加之我国正处在高速工业化和城镇化发展阶段，能源需求呈现明显的刚性特征，真正EKC曲线未必存在。李根生和韩民春（2015）的实证研究表明，雾霾污染的库兹涅茨曲线不存在。因此，本章仅将人均收入的一次方项纳入模型，用人均 GDP来衡量各地区的产出水平，单位为万元/人。

（5）产业结构（*Structure*）。工业生产主要依赖化石能源，工业的高速发展刺激了能源的需求量，工业废气排放量与日俱增，远高于同期工业增加值的增长速度。此外，我国的重工业比重过高，普遍存在高耗能、高污染的特征，尤其是冶金、化工和发电等行业大量排放的工业废气是形成雾霾天气的重要诱因。"十一五"规划时期，我国的节能减排工作已取得一定成效，但在投资驱动下形成的"高投入、高耗能、高污染"的工业结构并未得到很大的改观。本章借鉴冷艳丽和杜思正（2016）的做法，用工业总产值与地区生产总值的比值衡量产业结构水平，单位为%。

（6）城市供暖（*Heat*）。城市供暖是指火电厂或者天然气发电厂发电时产生的余热，通过管道将暖气输送到用户家中。我国的南北方气候差异显著，部分省份或城市在冬季需要供暖。现阶段，我国主要以火电厂燃煤供暖为主，燃煤排放的烟尘对大气环境造成一定的污染。本章引入虚拟变量，设定冬季供暖省份为 1，不供暖省份为 0。

（7）城镇化水平（*Urban*）。我国东部地区人口密集、城市众多、规模较大、城镇化水平很高，居民生活中产生的污染排放也在迅速增加，加剧了城市的环境污染程度。中、西部地区的城镇化水平不高，城市总体规模不大，但也存在部分特大规模城市，容易出现"亚健康"和"冒进式"的城镇化现象，出现以资源匮乏、房价高涨、人口膨胀、生态失衡、交通堵塞为特征的"城市病"。总之，城镇化水平的提升使城市拥有高密度的人口，能源利用的集约化和高效化由理论变为现实，人口密集地区的居民对生态环境的要求往往高于其他地区，这种现象在经济发达地区的大城市中更为凸显。本章用非农人口与总人口的比值表示各省份的城镇化水平，单位为%。

（三）数据说明

我国部分城市对 PM2.5 相关数据的统计工作始于 2012 年，考虑到国内的 PM2.5 数据缺乏，本章借鉴马丽梅和张晓（2014）、冷艳丽

和杜思正（2016）的做法，使用国外提供的数据进行研究。本章
PM2.5 数据来源于美国航空航天局（NASA）公布的全球 PM2.5 浓度
图栅格数据，且该数据与《2012 年中国环境状况公报》的公布结果
较为一致，可信度较高。文中地区生产总值、人均 GDP、工业污染治
理完成投资、汽车拥有量、工业总产值数据来自 2002—2017 年《中
国统计年鉴》；能源消费总量数据来自 2002—2017 年《中国能源统计
年鉴》；非农人口、总人口数据来自 2002—2017 年《中国人口统计年
鉴》《中国人口和就业统计年鉴》。针对部分年份某些统计数据缺失
问题，本章依照均值法对其进行补齐，在研究对象上选取除西藏和
港、澳、台地区以外的 30 个省份。

第三节　雾霾污染强度地区差异的测算与分解

一　雾霾污染强度总体特征分析

本章计算了 2001—2016 年中国各省份的 PM2.5 浓度均值（见
图 4-1），结果显示：各省份的雾霾污染程度分布不均衡，最高的是
河南（92.87 毫克/立方米），最低的是云南（18.93 毫克/立方米），
前者是后者的约 4.91 倍。有 14 个省份的 PM2.5 浓度高于均值水平，
约占省份总数的 46.67%，河南、河北、山东、天津、安徽、四川、
江苏、湖北排在前八位，而吉林、黑龙江、内蒙古、新疆、青海、福
建、海南、云南排在后八位。

本章进一步计算了雾霾污染指数的相对增长率，并以 150%、
100%、50% 为界定标准，将全国 30 个省份划分为四种类型：①快速
增长型（$V>150\%$），包括新疆、青海、黑龙江、河北、北京、吉林、
辽宁、甘肃、山西 9 个省份；②较快增长型（$100\%<V<150\%$），包括
内蒙古、宁夏、天津 3 个省份；③较慢增长型（$50\%<V<100\%$），包
括陕西、山东、广西、湖南、重庆、浙江、云南、贵州、广东 9 个省
份；④缓慢增长型（$V<50\%$），包括四川、福建、海南、安徽、上
海、江西、湖北、河南、江苏 9 个省份。

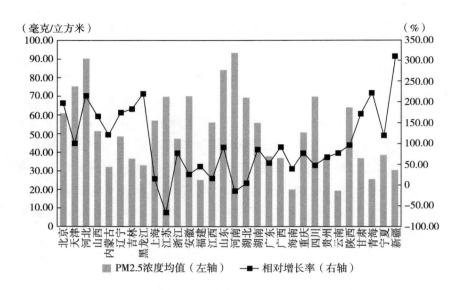

图 4-1　中国各省份 PM2.5 浓度均值及其相对增长率

资料来源：根据美国航空航天局（NASA）公布的全球 PM2.5 浓度图栅格数据整理
得到。

　　从区域分布来看（见图 4-2），三大区域历年的 PM2.5 浓度值呈
现逐年增长的态势。其中，中部地区历年的 PM2.5 浓度值最高，占
全国的比重为 34.88%—38.73%，其走势较为平稳；东部地区历年的
PM2.5 浓度值略低于中部地区，占全国的比重为 33.51%—37.97%，
且 2012 年之前东部地区差异整体表现为小幅度波动，此后则呈现缩
小态势；西部地区历年的 PM2.5 浓度值最低，占全国的比重为
22.97%—31.60%，且以 2012 年为分水岭，2012 年之前西部地区差
异波动幅度较小，此后则呈现扩大态势。

　　值得一提的是，中部地区历年的 PM2.5 浓度值及其占全国的比
重均略高于东部地区，出现这种状况的原因在于区域间的产业结构调
整。一方面，产业转移存在后遗症。中部地区在区位上与长江三角
洲、京津冀区域相连，得天独厚的区位条件为承接两大经济带的产业
转移提供了有利条件。2006 年《中共中央国务院关于促进中部地区
崛起的若干意见》出台后，随着中部崛起战略和西部大开发战略的实
施，国家加大了对中西部地区的支持力度，但转移到当地的产业大多

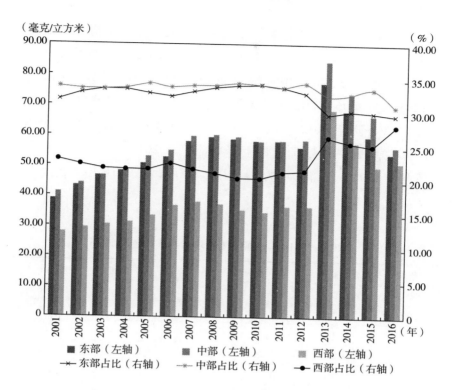

图 4-2　2001—2016 年三大区域历年 PM2.5 浓度及其占比

资料来源：根据美国国家航空航天局（NASA）公布的全球 PM2.5 浓度图栅格数据整理得到。

具有"双高"特征。另一方面，绩效考核标准不合理。许多地区政府各自为政，均以 GDP 为政绩考核的标准，缺乏相应的创新和激励机制。许多省份之间为了追求自身的发展，争夺资源，经济发达的东部地区对落后产能进行了调整，环境规制进一步加强，更加注重清洁和高新技术产业的发展，而缺乏竞争优势的中、西部地区则以牺牲环境为代价，引进以制造业为主的高污染产业，以刺激当地的经济增长，从而加剧了雾霾污染。

二　基于泰尔指数的测算结果及分析

（一）总体差异分析

由表 4-1 可知，泰尔指数大致呈现波动下降的发展态势，泰尔指数从 2001 年的 0.24 下降至 2016 年的 0.21，下降幅度为 12.50%，表

明我国区域雾霾污染的差异有所减少，最大值和最小值分别出现在
2001年（0.24）和2015年（0.16）。2001—2005年总系数一直处于
缓慢下降状态，从2001年的0.24下降至2005年的0.21，下降幅度
为12.50%，2006—2012年总系数一直处于快速下降状态，从2006
年的0.22下降至2012年的0.17，下降幅度约为22.73%。2013—
2015年总系数一直处于缓慢下降状态，从2013年的0.18下降至
2015年的0.16，下降幅度为11.11%。其后，在2016年又快速上升
至0.21。

表4-1 　　　　　　　2001—2016年中国整体泰尔指数及其增长率

年份	泰尔指数	增长率	年份	泰尔指数	增长率
2001	0.24	—	2009	0.18	-0.06
2002	0.24	-0.01	2010	0.17	-0.03
2003	0.23	-0.03	2011	0.17	-0.02
2004	0.22	-0.03	2012	0.17	-0.01
2005	0.21	-0.05	2013	0.18	0.07
2006	0.22	0.05	2014	0.17	-0.04
2007	0.21	-0.05	2015	0.16	-0.05
2008	0.19	-0.10	2016	0.21	0.28

资料来源：笔者根据计算公式整理得到。

此外，对历年泰尔指数增长率的变动情况进行分析，发现2001—
2016年中国雾霾污染差异大致呈现衰减的发展态势，排放差异在
"十一五"时期下降幅度显著，值得关注的是，泰尔指数在2013年以
后有所回升，说明近年来中国雾霾污染差异存在一定的反弹势头。造
成上述现象的原因可能在于，"十一五"时期中国经济高速发展进一
步加剧了高能耗产业的饱和程度，因此政府也呼吁节能减排，出台相
关政策对污染密集型行业进行治理，致使中国总体污染差异逐年下
降。然而，2008年国际金融危机以及2011年之后的次贷危机、欧洲
债务危机的爆发对中国经济发展造成一定的冲击，经济增长速度明显

放缓，其间政府加强了对基础设施建设的投资力度，进一步稳定经济增长和增加就业，加之国家对产业结构进行整体调整，东部地区污染产业向中西部内迁，区域污染排放差异有所反弹。

（二）区域差异分析

由表4-2和图4-3可知，地区泰尔指数由高到低依次为东部、西部、中部，其中东部地区泰尔指数发展较为平稳，波动幅度较小；西部地区泰尔指数先升后降，以2010年为分水岭，在2010年前持续下降，而后开始持续上升；中部地区泰尔指数一直处于缓慢下降的发展态势。借助泰尔指数空间分解性，进一步对区域间差异（T_b）和区域内差异（T_w）进行分解（见表4-3）。从地区间差异角度来看，区域间差异（T_b）大致呈现"M"形的发展趋势，表明东部、中部和西部地区间的雾霾污染差异在波动下降，且差异变动由大到小分别为西部、中部、东部；从地区内部差异角度来看，区域内差异（T_w）总体呈现缓慢下降的发展态势，从2001年的0.16下降到2016年的0.13，值得一提的是，区域内差异（T_w）变动由大到小依次为东部、西部、中部，且差异变化幅度较小，并没有随着时间序列的变化而表现出显著的差异与逐年递增的发展态势。

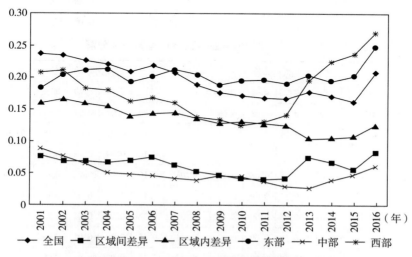

图4-3 2001—2016年各区域雾霾污染强度泰尔指数

资料来源：笔者根据计算公式整理得到。

表 4-2   2001—2016 年雾霾污染强度泰尔指数及其分解

年份	总体	区域间	区域内	东部	中部	西部
2001	0.24	0.08	0.16	0.18	0.09	0.21
2002	0.24	0.07	0.17	0.21	0.08	0.21
2003	0.23	0.07	0.16	0.21	0.06	0.18
2004	0.22	0.07	0.16	0.21	0.05	0.18
2005	0.21	0.07	0.14	0.19	0.05	0.16
2006	0.22	0.08	0.14	0.20	0.05	0.17
2007	0.21	0.06	0.15	0.21	0.04	0.16
2008	0.19	0.05	0.14	0.21	0.04	0.14
2009	0.18	0.05	0.13	0.19	0.05	0.13
2010	0.17	0.04	0.13	0.20	0.04	0.13
2011	0.17	0.04	0.13	0.20	0.04	0.13
2012	0.17	0.04	0.13	0.19	0.03	0.14
2013	0.18	0.08	0.10	0.20	0.03	0.20
2014	0.17	0.07	0.11	0.20	0.04	0.23
2015	0.16	0.06	0.11	0.20	0.05	0.24
2016	0.21	0.08	0.13	0.25	0.06	0.27

资料来源：笔者根据计算公式整理得到。

表 4-3   2001—2016 年区域雾霾污染强度差异内部分解

年份	总差异 T	区域间差异			贡献率 （%）	区域内差异			贡献率 （%）
		T_b	东部	中部	西部		T_w	东部	中部	西部	
2001	0.24	0.08	-0.15	0.08	0.16	32.30	0.16	0.07	0.03	0.06	67.70
2002	0.24	0.07	-0.15	0.08	0.14	28.94	0.17	0.09	0.02	0.06	71.06
2003	0.23	0.07	-0.15	0.08	0.14	29.76	0.16	0.09	0.02	0.05	70.24
2004	0.22	0.07	-0.15	0.08	0.13	30.04	0.16	0.09	0.02	0.05	69.96
2005	0.21	0.07	-0.15	0.09	0.13	33.59	0.14	0.08	0.02	0.04	66.41
2006	0.22	0.08	-0.16	0.09	0.14	34.35	0.14	0.08	0.01	0.05	65.65
2007	0.21	0.06	-0.15	0.09	0.12	30.41	0.15	0.09	0.01	0.04	69.59
2008	0.19	0.05	-0.14	0.09	0.10	27.64	0.14	0.09	0.01	0.04	72.36
2009	0.18	0.05	-0.13	0.09	0.09	26.71	0.13	0.08	0.02	0.03	73.29

续表

年份	总差异 T	区域间差异				贡献率（%）	区域内差异				贡献率（%）
		T_b	东部	中部	西部		T_w	东部	中部	西部	
2010	0.17	0.04	-0.12	0.08	0.08	24.29	0.13	0.09	0.01	0.03	75.71
2011	0.17	0.04	-0.12	0.07	0.09	23.62	0.13	0.08	0.01	0.04	76.38
2012	0.17	0.04	-0.12	0.08	0.09	24.47	0.13	0.08	0.01	0.04	75.53
2013	0.18	0.08	-0.15	0.06	0.17	41.83	0.10	0.08	0.01	0.02	58.17
2014	0.17	0.07	-0.14	0.06	0.15	38.91	0.11	0.07	0.01	0.02	61.09
2015	0.16	0.06	-0.15	0.07	0.15	33.74	0.11	0.08	0.02	0.02	66.26
2016	0.21	0.08	-0.15	0.04	0.20	39.71	0.13	0.09	0.02	0.02	60.29

资料来源：笔者根据计算公式整理得到。

　　由图 4-4 可知，区域内差异泰尔指数贡献率介于 58.10%—76.33%，整体呈现不断上升的态势，区域间差异泰尔指数贡献率介于 23.67%—41.90%，整体呈现不断下降的态势。据此，可以得出省份内部发展的非均衡是区域雾霾污染强度产生差异的主要动因，三大地带内部的发展差异对总体差异的影响较大，而三大地区区间的发展差异对总体差异的影响相对较小。从三大区域泰尔指数的贡献率来看，东部地区贡献率最大，西部地区次之，中部地区最小。其原因在于东部地区经济最为发达，消耗的资源和能源总量最多，但随着居民生活水平的提升，加强了对居住环境质量的要求，加之政府环境规制的增强和人口、土地、资源"红利"的锐减，致使区际产业被迫转型升级，促使高污染、高能耗产业内迁至中、西部地区。中部地区与东部地区经济带相承接，各省份经济发展水平并驾齐驱，并且区域内部产业结构较为相似，地区发展差异较小。与中部地区相比，西部地区位于中国内陆地区，地域面积辽阔，经济发展水平不高，基础设施建设较为落后，区际发展缺乏协调，再加上各省份之间区位条件、产业结构、经济发展水平、政治文化等要素大相径庭，区域内部的能源利用效率差异显著，省际内部差异较大，尤其是其西北板块和西南板块的经济发展最落后，且迁入的产业质量均落后于西部其他地区，长此以往极易成为西部地区重污染产业的两个增长极，间接拉大了西部区域内部的环境差异。

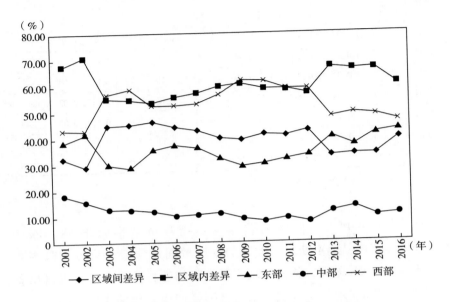

图 4-4 2001—2016 年区域雾霾污染强度泰尔指数贡献率

资料来源：笔者根据计算公式整理得到。

第四节 雾霾污染强度的收敛分析

本章分别借助 σ 收敛、绝对 β 收敛、俱乐部收敛以及条件 β 收敛对全国和三大区域雾霾污染强度的趋同或发散规律进行对比分析。

一 σ 收敛分析

借助变异系数对中国雾霾污染强度进行 σ 收敛检验（见表 4-4），2001—2016 年全国、东部、中部和西部地区的雾霾污染强度整体上存在 σ 收敛。全国雾霾污染强度的变异系数介于 0.31—0.58，在 2001 年达到最大值 0.58，2015 年达到最小值 0.31，变异系数在 2001—2012 年缓慢下降，2012—2016 年快速下降。东部地区雾霾污染强度的变异系数介于 0.22—0.63，其历年雾霾污染强度变异系数均高于全国和中、西部地区（除 2015 年、2016 年外），而中部地区和西部地区的变异系数值较为接近，演变格局与全国较为相似。根据收敛原理可知，若地区雾霾污染强度具有收敛迹象，则说明实施地区协同发展的环境政策能够缓解发达地区同落后地区之间的差距，但区域内部雾霾污染强度的差异演变格局视具体区域情况而定。本章认为产生上述现象的原因可能是：一方面，区域省份之间的历史背景、区位条件、产业结构、经济发展水平、政治文化等要素大相径庭，区域内部的能源利用效率差异显著；另一方面，各区域在推行低碳减排和环境规制的政策和力度有所不同，致使各区域的雾霾污染强度不同，实际减排存在显著的差异。

表 4-4   2001—2016 年全国和三大区域雾霾污染强度的 σ 系数

年份	全国	东部	中部	西部	年份	全国	东部	中部	西部
2001	0.58	0.59	0.45	0.46	2009	0.55	0.59	0.40	0.40
2002	0.57	0.59	0.39	0.46	2010	0.54	0.59	0.40	0.41
2003	0.57	0.60	0.40	0.43	2011	0.54	0.59	0.40	0.40
2004	0.55	0.60	0.39	0.42	2012	0.53	0.63	0.37	0.38
2005	0.54	0.61	0.38	0.38	2013	0.35	0.41	0.21	0.25
2006	0.53	0.59	0.36	0.39	2014	0.33	0.38	0.17	0.26
2007	0.55	0.63	0.39	0.39	2015	0.31	0.22	0.11	0.13
2008	0.54	0.62	0.40	0.39	2016	0.31	0.25	0.10	0.17

资料来源：笔者根据计算公式整理得到。

二　绝对 β 收敛分析

面板数据同时具备截面性质和时间序列数据的双重特征，致使参数估计值容易受到上述两种因素交互作用的影响。因此，本章同时考虑固定效应（FE）和随机效应（RE）估计法对全国以及三大地区进

行绝对 β 收敛检验。进行 Hausman 检验，发现在 5% 的显著程度下所有模型均拒绝 RE 模型，即所有模型均采用 FE 模型。此外，为了规避模型中存在截面异方差和序列异方差的问题，保证最终结果的稳健性，本章同时借助 FE、广义最小二乘法（FGLS）估计对全国以及三大地区做绝对 β 收敛检验。为消除经济波动带来的影响，分别截取 2001—2005 年、2006—2010 年、2011—2016 年、2001—2016 年四个横截面数据对全国雾霾污染强度进行绝对 β 收敛检验。

表 4-5 所示为全国层面下绝对 β 收敛检验的结果，在 FE、FGLS 估计下 $\ln H_{i,t}$ 的回归系数分别为 -0.06 和 -0.07，且在 1% 的水平下显著，表明全国雾霾污染强度存在绝对 β 收敛的特征，雾霾污染强度高的省份与雾霾污染强度低的省份之间形成"追赶效应"。此外，由分时间段估计结果可知，2001—2005 年、2006—2010 年、2011—2016 年、2001—2016 年 $\ln H_{i,t}$ 的回归系数均为负值。除 2006—2010 年外，其余时段 $\ln H_{i,t}$ 的估计系数均满足 10% 的显著性水平，说明通过截面数据检验可以进一步证实全国雾霾污染强度绝对 β 收敛。本书认为出现上述现象的原因可能在于，"十五"时期、"十一五"时期和"十二五"时期中国对能源消费做出了总体规划，加强了能源机制体制改革，进一步优化了能源消费结构，对能源消费总量和消费强度进行了双向控制，能源消耗强度下降幅度明显，全国在节能减排政策方面形成一定程度的共识，全国范围内雾霾污染强度差异有所减小，但差异在短期内是不会自动消除的。

表 4-5 全国绝对 β 收敛检验

模型及变量	面板数据		横截面数据			
	模型（1）	模型（2）	模型（3）	模型（4）	模型（5）	模型（6）
	2001—2016 年	2001—2016 年	2001—2005 年	2006—2010 年	2011—2016 年	2001—2016 年
α	0.25*** (5.91)	0.27*** (6.79)	0.13*** (3.19)	0.01 (0.35)	0.50*** (7.61)	0.18*** (9.31)
$\ln H_{i,t}$	-0.06*** (-5.15)	-0.07*** (-7.09)	-0.03** (-2.11)	-0.00 (-0.25)	-0.12*** (-7.10)	-0.04*** (-7.69)

续表

模型及变量	面板数据		横截面数据			
	模型（1）	模型（2）	模型（3）	模型（4）	模型（5）	模型（6）
	2001—2016 年	2001—2016 年	2001—2005 年	2006—2010 年	2011—2016 年	2001—2016 年
R^2	0.62	0.10	0.14	0.00	0.64	0.68
F 统计值	23.06***	50.97***	4.45**	0.07	50.34***	54.07***
D-W 统计值	1.60	1.98	1.06	0.92	1.10	1.41
模型估计	FE	FGLS	OLS	OLS	OLS	OLS
是否收敛	是	是	是	是	是	是
是否显著	是	是	是	否	是	是

注：***、**、*依次表示在1%、5%、10%水平下显著。

表4-6所示为区域层面下绝对 β 收敛检验的结果，在 FE、FGLS 估计下东部地区、中部地区和西部地区 $\ln H_{i,t}$ 的回归系数均显著为负，表明东部地区、中部地区和西部地区的雾霾污染强度均存在绝对 β 收敛的特征，区域内部节能减排意识高度一致，各子单元齐心协力、互惠互助，雾霾污染强度在未来会自动趋向于稳态收敛水平，但当前需要宏观政策的持续干预。在 FGLS 估计下，假定研究区域存在相同的环境规制、经济产出、能源效率、产业结构等诸多条件，则中部地区的收敛速度最快，远高于全国；西部地区次之；东部地区最慢，其原因可能在于中部地区省份空间分布较为集中，地域跨度远小于东部地区和西部地区。综合绝对 β 收敛结果可知，全国和三大地区的雾霾污染强度均满足绝对 β 收敛的条件，但是收敛速度值相对较小，收敛趋势有待进一步加强。

表4-6　　　　　　　区域绝对 β 收敛检验

模型及变量	东部		中部		西部	
	模型（1）	模型（2）	模型（3）	模型（4）	模型（5）	模型（6）
α	0.16** (2.56)	0.19*** (2.88)	0.56*** (4.39)	0.49*** (6.71)	0.39*** (3.87)	0.36*** (14.17)

续表

模型及变量	东部		中部		西部	
	模型（1）	模型（2）	模型（3）	模型（4）	模型（5）	模型（6）
$\ln H_{i,t}$	−0.04 ** （−2.20）	−0.05 *** （−2.69）	−0.13 *** （−4.17）	−0.12 *** （−6.51）	−0.10 *** （−3.43）	−0.09 *** （−11.40）
R^2	0.48	0.04	0.28	0.26	0.47	0.46
F 统计值	12.79 ***	7.21 ***	5.35 ***	42.41 ***	12.33	137.39 ***
D-W 统计值	1.67	0.93	1.06	1.19	1.97	1.76
模型估计	FE	FGLS	FE	FGLS	FE	FGLS
是否收敛	是	是	是	是	是	是
是否显著	是	是	是	是	是	是

注：***、**、* 依次表示在1%、5%、10%水平下显著。

三 俱乐部收敛分析

为了进一步验证雾霾污染强度存在区域收敛，此处引入虚拟变量 D_1、D_2 以及2001—2016年30个省份的雾霾污染面板数据对俱乐部收敛模型进行估计。由表4-7可知，在Ⅰ俱乐部内，$\ln H_{i,t}$ 的回归系数为负值（−0.06），通过5%的显著性检验，表示东部地区存在区域内收敛；在Ⅱ俱乐部内，虚拟变量 D_1、交叉变量 $D_1 \times \ln H_{i,t}$ 的估计系数在1%的水平下显著，表示中部地区存在收敛迹象；在Ⅲ俱乐部内，虚拟变量 D_2、交叉变量 $D_2 \times \ln H_{i,t}$ 的回归系数均通过1%的显著性检验，表示西部地区存在区域内收敛。以上分析表明，雾霾污染强度同样存在俱乐部收敛现象，区域内部在推行节能减排政策和保护生态环境方面达成共识，雾霾污染强度趋向于稳态收敛，未来会自动处于一个稳态水平，收敛速度从高至低依次为中部地区、西部地区和东部地区，与上文研究结果较为一致。

表4-7　　　　　　　　　　**俱乐部收敛分析**

变量	系数	数标准误	统计量 T	p 值
α	0.24 **	0.11	2.20	0.03

变量	系数	数标准误	统计量 T	p 值
D_1	0.35**	0.17	2.05	0.04
D_2	0.20	0.14	1.45	0.15
$\ln H_{i,t}$	-0.06**	0.03	-2.01	0.05
$D_1 \times \ln H_{i,t}$	-0.14***	0.03	-4.25	0.00
$D_2 \times \ln H_{i,t}$	-0.11***	0.03	-4.49	0.00

注：***、**、*依次表示在1%、5%、10%水平下显著。

四　条件 β 收敛分析

同理，考虑到 FE 模型无法有效解决模型中可能存在的截面异方差和序列异方差问题，此处借助 FGLS 估计进行条件 β 收敛检验，同时为了保证回归结果的稳健性，以及消除经济波动与经济周期带来的影响，分别截取 2001—2005 年、2006—2010 年、2011—2016 年、2001—2016 年四个横截面数据对全国雾霾污染强度进行条件 β 收敛检验。

表 4-8 所示为全国条件 β 收敛的估计结果，从全国层面来看，在 FE、FGLS 估计下 $\ln H_{i,t}$ 的回归系数依次为 -0.12、-0.15，且满足 1% 的显著性水平，说明在全国范围内存在条件 β 收敛，其中雾霾动态累积、能源效率、机动车辆、环境规制、城市供暖和城镇化水平控制变量通过检验，表明以上 6 个变量对全国雾霾污染强度的收敛具有显著影响，而产出水平、产业结构等控制变量对全国雾霾污染强度收敛的影响还不显著。估计结果显示：雾霾动态累积（$\ln H_{i,t-1}$）的弹性系数为正值（0.08），并且通过 10% 的显著性水平，表明中国雾霾污染具有动态累积效应，路径依赖现象明显，加剧了未来大气环境质量的恶化，若大气环境质量恶化在短期内无法得到及时解决，则必然带来长期的负面环境效应。能源效率（*Energy*）的估计系数为 -0.08，且在 1% 的水平下显著为负，说明技术进步特别是能源领域的技术进步能够在一定程度上缓解雾霾污染，值得关注的是，该系数值较小，其原因在于随着中国工业化进程的不断推进，

能源消耗主要锁定于碳密集化石燃料的现状在短期内难以得到改变，加之中国低碳技术水平相对较低，以对国外技术模仿为主，缺乏自主创新性，致使科技力量在减碳过程中的作用并不凸显。机动车辆（*Vehi*）的弹性系数为 0.30，并且满足 10% 的显著性检验，即人均机动车辆平均增加 1%，将导致雾霾污染强度平均提升 0.30% 左右。这与国内学者冷艳丽和杜思正（2016）的研究结论较为一致，即汽车尾气排放是中国形成雾霾天气的一个重要因素，随着交通设施的逐步完善，加之居民生活水平的提升，机动车辆已是居民日常生活不可或缺的出行工具之一。环境规制（*Regu*）对雾霾污染强度收敛性具有负向影响，回归系数为 -21.82，且在 1% 显著性水平下显著，其原因在于环境污染存在负外部性特征，需要政府颁布和推行相关政策对企业经济活动进行宏观调控，有效的环境规制能够促进企业产业结构的变革，加速绿色产业链的构建，提升企业的经济效应和环保效应，对雾霾污染的治理具有立竿见影的效果。产出水平（*Pgdp*）的回归系数为 -0.01，在 10% 的水平下还不显著。产生该现象的原因在于，在经济发展处于高水平、收入满足某一临界值之后收入的进一步增长将有助于缓解污染程度，进一步改善生态环境（马丽梅和张晓，2014），说明地方经济的发展可以驱动居民生活质量的提升，与此同时居民对生态环境质量的诉求也有所提高，但由于地区经济发展差异较大，居民生活质量也有差异，中国整体的人均产出水平还未达到该临界值。产业结构（*Structure*）的回归系数为 0.04，表明工业比重的提高不利于雾霾污染强度的收敛，但在 10% 显著性水平下不显著，其原因可能为：传统工业必然是以高能耗、高排放、高污染为代价的，在技术难以形成突破和环境约束的前提下，中国开始走新型工业化道路，坚持以信息化推动工业化，以工业化反哺信息化，在提升科技水平、增加经济效益、减缓资源消耗等方面均卓有成效，从而在一定程度上缓解了对环境污染的影响。城市供暖（*Heat*）的回归系数均为正值（0.01），满足 10% 的显著水平，但该系数值较小，本书认为产生这种现象的原因在于：虽然城市供暖消耗一定的能源，但城市供暖具有区域性、季节性的特征，产生的污染远不及工业发展和机动车辆增长，并不是雾霾产生的直接因素。城镇化水平（*Urban*）的回归系数为 0.15，反映了全国范围内城镇化水平的提升不利于雾霾污染强度的收敛，且在 1% 的水平下显著，究其原因可能在于：随着工业化进程的推进，我国城镇化建设经历了一个起点低、速度快的发展过程，粗放式的发展模式不可避免地出现了人口城镇化、土地城镇化、产业城镇化以及"城市病"问题，且不能有效改善雾霾污染。

表 4-8　　　　　　　　　　全国条件 β 收敛检验

模型及变量	面板数据		横截面数据			
	模型（1）	模型（2）	模型（3）	模型（4）	模型（5）	模型（6）
	2001—2016 年	2001—2016 年	2001—2005 年	2006—2010 年	2011—2016 年	2001—2016 年
α	0.24 *** (3.62)	0.27 *** (6.71)	0.06 (0.82)	0.01 (0.21)	0.49 *** (4.95)	0.15 *** (6.31)
$\ln H_{i,t}$	−0.12 ** (−2.46)	−0.15 *** (−3.11)	0.07 (0.58)	−0.04 (−0.79)	−0.27 * (−1.69)	−0.10 ** (−2.58)
$\ln H_{i,t-1}$	0.07 (1.42)	0.08 * (1.84)	−0.09 (−0.70)	0.03 (0.68)	0.15 (0.93)	0.05 (1.46)
Energy	−0.05 ** (−2.38)	−0.08 *** (−5.90)	−0.02 (−0.47)	0.13 (0.48)	−0.06 ** (−2.45)	−0.01 (−0.43)
Vehi	0.66 * (1.94)	0.30 * (1.76)	−1.12 (−1.00)	−0.31 (−0.82)	0.83 ** (2.42)	0.65 * (1.90)
Regu	−11.17 (−1.40)	−21.82 *** (−6.96)	−5.57 (−0.89)	−4.23 (−0.64)	−61.90 ** (−2.05)	−2.80 (−1.46)
Pgdp	−0.010 (−1.01)	−0.01 (−1.11)	−0.03 (−0.78)	0.00 (0.11)	−0.00 (−0.31)	−0.01 (−0.66)
Structure	0.04 (0.39)	0.04 (1.08)	−0.07 (−0.46)	−0.02 (−0.04)	0.15 (1.39)	0.13 *** (2.89)
Heat	0.01 (0.62)	0.01 * (1.80)	0.01 (0.53)	0.00 (0.04)	0.05 *** (2.77)	0.02 ** (2.47)
Urban	0.06 (0.69)	0.15 *** (4.60)	0.27 ** (2.02)	0.07 (0.62)	−0.06 (−0.35)	−0.03 (−0.69)
R^2	0.64	0.24	0.33	0.28	0.90	0.90

续表

模型及变量	面板数据		横截面数据			
	模型（1）	模型（2）	模型（3）	模型（4）	模型（5）	模型（6）
	2001—2016年	2001—2016年	2001—2005年	2006—2010年	2011—2016年	2001—2016年
F统计值	19.23***	15.00***	1.08	0.88	19.31***	19.67***
D-W统计值	1.72	1.96	1.45	1.51	1.71	1.64
模型估计	FE	FGLS	OLS	OLS	OLS	OLS
是否收敛	是	是	否	是	是	是
是否显著	是	是	否	否	是	是

注：***、**、*依次表示在1%、5%、10%水平下显著。

表4-9、表4-10所示为区域条件 β 收敛的估计结果，从区域层面来看，三大地区的 $\ln H_{i,t}$ 系数均为负值，且在5%的水平下显著，表明东部地区、中部地区和西部地区的雾霾污染强度存在条件 β 收敛。值得关注的是，西部地区的收敛速度低于全国、东部地区、中部地区的收敛速度，其原因可能在于西部地区各省份之间的区位条件、产业结构、经济发展水平、政治文化等要素大相径庭，区域内部的能源利用效率差异较大，从而导致地区雾霾污染强度的收敛速度较慢。由于各区域的环境污染驱动因素差异较大，在实际治理中需要因地制宜，对症下药。

表4-9　　　　　　　　　区域条件 β 收敛检验

模型及变量	东部		中部		西部	
	模型（1）	模型（2）	模型（3）	模型（4）	模型（5）	模型（6）
α	0.17 (1.26)	0.073 (0.88)	1.89*** (4.56)	0.87*** (3.92)	0.32 (1.52)	0.24** (2.31)
$\ln H_{i,t}$	-0.39*** (-5.68)	-0.18*** (-2.80)	-0.46*** (-4.16)	-0.17*** (-2.61)	-0.21*** (-2.99)	-0.10** (-2.29)
$\ln H_{i,t-1}$	0.31*** (4.65)	0.16** (2.48)	0.21* (1.88)	0.03 (0.44)	0.17** (2.40)	0.07* (1.71)
Energy	0.02 (0.50)	-0.05 (-1.19)	-0.29*** (-2.84)	-0.16*** (-3.55)	-0.08 (-1.05)	-0.08** (-2.24)

续表

模型及变量	东部		中部		西部	
	模型（1）	模型（2）	模型（3）	模型（4）	模型（5）	模型（6）
Vehi	0.12 (0.28)	0.04 (0.11)	-3.68 * (-1.83)	-1.08 (-0.95)	2.66 (1.45)	-0.97 (-1.42)
Regu	-20.73 (-1.38)	6.29 (0.68)	-30.54 (-1.20)	-25.19 * (-1.82)	-22.23 (-1.38)	-12.98 (-1.51)
Pgdp	-0.02 (-1.33)	-0.02 *** (-2.91)	0.11 ** (2.08)	0.06 * (1.79)	-0.05 (-1.45)	0.01 (0.40)
Structure	0.30 *** (2.64)	0.05 (0.56)	-0.24 (-0.65)	0.26 (1.36)	-0.03 (-0.08)	-0.26 (-1.31)
Heat	0.07 ** (2.15)	0.01 (0.44)	0.03 (-0.65)	-0.02 (-0.78)	0.01 (0.30)	-0.00 (-0.16)
Urban	0.14 (1.38)	0.23 *** (3.77)	-1.19 *** (-2.70)	-0.70 ** (-2.39)	-0.06 (-0.13)	0.23 (1.13)
R^2	0.58	0.34	0.41	0.41	0.51	0.17
F 统计值	10.48 ***	8.89 ***	4.55 ***	8.54 ***	8.01 ***	3.48 ***
D-W 统计值	1.91	1.53	1.25	1.36	2.04	1.30
模型估计	FE	FGLS	FE	FGLS	FE	FGLS
是否收敛	是	是	是	是	是	是
是否显著	是	是	是	是	否	是

注：***、**、* 依次表示在 1%、5%、10% 水平下显著。

表 4-10 三大区域各变量显著性结果

	雾霾动态 累积	能源 效率	机动 车辆	环境 规制	产出 水平	产业 结构	城市 供暖	城镇化 水平
存在条件 β 收敛， 指标显著	▲●	●■	—	▲●	▲■	—	—	▲■
存在条件 β 收敛， 指标不显著	■	▲	▲■●	■	●	▲■●	▲■●	●

注：▲代表东部；■代表中部；●代表西部。

三大区域雾霾动态累积（$\ln H_{i,t-1}$）的弹性系数均为正数，依次为 0.16、0.03、0.07，表明雾霾污染在三大区域也同样存在动态累积效应，不利于雾霾污染强度的收敛，路径依赖现象从东部地区至中、西部地区逐渐减弱。能源效率（$Energy$）指标在三大区域中的回归系数均为负值，中部和西部地区均满足5%的显著性水平，表明能源领域的技术进步在一定程度上能够缓解雾霾污染，该变量在东部地区的估计系数为负，不显著，本书认为其原因可能在于东部地区重工业密集，路径依赖现象较为严重，单纯地提高单位能源效率对雾霾污染的改善并不明显。机动车辆（$Vehi$）指标在三大地区并不显著，究其原因可能在于随着汽车尾号限行政策的推进，加之新能源技术的提升以及共享经济的快速发展，越来越多的居民开始低碳出行，在一定程度上缓解了雾霾污染。东部和中西部地区的产出水平（$Pgdp$）回归系数符号有所差别。具体来说，东部地区的估计系数为-0.02，而中、西部地区的估计系数分别为0.06、0.01，本书认为其原因可能为东部地区经济发展水平较高，居民更加注重生活环境和质量，居民水平的提升加强了对居住环境质量的要求，而中部地区仍以经济发展为中心，产出水平的提升刺激了生产的积极性，加剧了对资源的投入和消耗，导致经济活动附属产品（污染物排放）的增加，增加了地区生态环境的压力。环境规制（$Regu$）指标在三大地区符号有所差别。中、西部地区回归系数为负，表明政府加大对环境治理的投资力度有助于改善区域的环境质量，对区域的雾霾排放增量产生显著的抑制作用，中部地区的规制力度远大于西部地区，究其原因在于产业转移的后遗症，中部地区较大限度承担了东部地区产业的内迁。东部地区回归系数为正，本书认为出现该现象的原因可能在于东部地区依旧是重工业密集之地，当环境规制成本低于企业投资成本时，部分企业为了追求利益最大化，宁愿扩大生产规模来弥补治污成本，从而不利于区域雾霾污染的收敛。产业结构（$Structure$）并不利于雾霾污染强度收敛，究其原因在于产业结构调整具有长期性的特征，在短期内调整难度较大。城市供暖（$Heat$）的回归系数在三大地区均不显著，且该系数值较小，其原因在于城市供暖消耗一定的能源，但城市供暖具有区域性、季节性的特征，产生的污染远不及工业发展和机动车辆增长，对雾霾产生的直接影响并不大。城镇化水平（$Urban$）指标在三大区域的符号不一致。东部地区的城镇化回归系数显著为正，其原因可能在于东部地区城镇化水平较高，已经发展到一定的瓶颈，随着区内人口密度、经济密度、工业密度持续攀升，极大地透支了区内环境的承载能力，致使拥挤效应大于集聚规模效应，从而不利于雾霾污染的缓解。中部地区的城镇化水平回归系数为负，与西部地区相反，本书认为产生这种现象的原因在于中部地区经济发展水平和城镇化水平正处于上升发展时期，其水平远高于西部地区，高密度的人口集聚使得能源利用逐步呈现集约化和高效化，在市场、经济、资源和就业等方面存在"盆地效应"①，其居民对生态环境的要求往往高于西部地区，从而有助于降低环境污染。

第五节　本章小结

　　本章借助泰尔指数的测算及其分解方法对 2001—2016 年雾霾污染强度的地区差异进行测算和分解，同时借鉴经济增长中的收敛方法，构建了雾霾污染强度收敛模型，对雾霾污染强度的区域差异进行了收敛性检验。基于上述分析，本章主要得出以下结论。

　　（1）雾霾污染程度分析结果显示：总体上，中国各省份雾霾污染程度分布不均衡，省份之间差异较大。三大区域历年的 PM2.5 浓度值呈现逐年增长态势，PM2.5 浓度值由高至低依次为中部地区、东部地区、西部地区。但中部地区历年的 PM2.5 浓度值和其占全国的比重均略高于东部地区，其是由区域间的产业结构调整以及不合理的绩效考核标准的后遗症造成的。

　　（2）基于泰尔指数的测算结果显示：总体方面，中国雾霾污染强度泰尔指数大致呈现波动下降的发展态势，对历年泰尔指数增长率的变动情况进行分析，发现雾霾污染差异在 2001—2016 年大致呈现衰

---

　　① 大城市的社会资源优势显著，对流动人口具有明显吸引力，加之部分流动人员观念上的与时俱进，与居住环境的文化相互融合，不再频繁流动，积极融入大城市中，致使大城市人口流动出现"盆地效应"。

减的发展态势，排放差异在"十一五"时期才开始逐年走低，但泰尔指数在 2013 年以后有所回升，表明近年来中国雾霾污染差异存在一定的反弹势头；区域差异方面，中国雾霾污染强度表现出明显的区域差异特征，东部地区的泰尔指数最高，西部地区次之，中部地区最低，并且区域内差异的贡献率远大于区域间差异的贡献率，三大区域内部发展的不均衡是中国雾霾污染强度产生差异的主要动因。

（3）雾霾污染强度的收敛性结果显示：从总体层面来看，全国雾霾污染强度存在 σ 收敛、β 收敛特征，雾霾动态累积效应、能源效率、机动车辆、环境规制、城市供暖、城镇化水平等控制变量对全国雾霾污染强度的收敛具有显著影响；从区域层面来看，三大地区存在 σ 收敛、β 收敛和俱乐部收敛，但不同地区所具有的收敛特征大相径庭，控制变量显著程度不尽相同。无论是总体层面还是区域层面，雾霾污染均存在动态累积效应，路径依赖现象从东部地区向西部地区、中部地区逐渐减弱。

本章的政策启示：一是不能忽略雾霾污染的动态累积效应，由于雾霾污染存在路径依赖现象，在一定程度上会加剧未来大气环境质量的恶化，若大气环境质量恶化在短期内无法得到及时解决，则会带来长期的负面环境效应。二是由于中国地域面积辽阔，各区域区位条件、产业结构、经济发展水平、政治文化等要素大相径庭，其雾霾污染程度也迥异，有效剖析各区域雾霾污染水平差异及其演变格局有助于各区域因地制宜地制定治霾措施。三是掌握雾霾污染的收敛性规律有助于从整体角度把握雾霾污染发展态势，进一步找出影响雾霾污染收敛性的因素。

生产性服务业与制造业协同集聚的省际关联及溢出效应分析

生产性服务业与制造业协同集聚具有产业关联和空间关联的双重属性。本章作为本书的现实基础部分,从网络结构视角出发,分"生产性服务业与制造业协同集聚的关联关系测度","生产性服务业与制造业协同集聚关联网络的演变格局分析","我国各省份在生产性服务业与制造业协同集聚关联网络中的地位、作用、类型、角色"三个部分展开介绍,尝试通过数据运算以及图表汇报等直观途径,剖析生产性服务业与制造业协同集聚的省际关联及溢出效应,揭示生产性服务业与制造业协同集聚的产业关联和空间关联双重属性,以夯实本书研究的现实基础。

第一节 引言

产业集聚是产业演化发展的动态过程,也是产业生存和发展的特定组织形态,产业集聚并非单一产业在地理空间上不断汇聚,而是伴随相关产业的协同集聚,生产性服务业高度集聚的地区的制造业往往具有较为发达的显著性特征(蔡海亚和徐盈之,2018)。经济发达国家或地区的实践经验表明,实施先进制造业与现代服务业"双轮驱动"战略,有助于优化产业结构布局、促进产业转型升级。随着经济社会的不断发展，处于转型期的中国经济开始出现阶段性的新特征。从 2013 年开始我国服务业比重赶超工业，经济结构开始从工业主导向服务业主导过渡，加之劳动分工的不断深入，生产性服务业开始作为中间投入要素大范围地融入制造业生产链的各个环节。与此同时，我国众多省份积极发展生产性服务业，大力部署"双轮驱动"战略，生产性服务业与制造业协同集聚正是"双轮驱动"战略的核心。生产性服务业具备高成长性、高科技含量、高附加值、高人力资本等特点，贯穿制造业生产价值链的全部环节，在自身发展的同时通过产生竞争效应、学习效应、专业化效应以及规模经济效应等对制造业产业升级、效率提高形成飞轮效应。然而，我国生产性服务业水平较为落后，尚未对制造业产业结构升级产生有力支撑。如何加快生产性服务业与制造业协同集聚发展，突破产业结构由制造业单一驱动向制造业与服务业"双轮驱动"转化，已成为当前政府与学术界的关注焦点。

目前，关于产业协同集聚的研究，国内外学者关注的焦点体现在以下几个方面：一是关于产业协同集聚的形成机制研究，学者主要围绕 Marshal 空间外部性的思想展开。如 Ellison 等（2010）采用 E-G 指数测度产业协同集聚指数，并深入剖析了美国产业协同集聚的微观形成机制。Gallagher（2013）在分析产业协同集聚的形成机制时得出，不同运输成本下的 Marshal 因素是产业协同集聚的重要来源。Rusche 等（2011）、Mukim（2013）分别以德国和印度为例，依次对德国家具产业、印度制造业的产业协同集聚形成机制进行补充说明。Gabe 和 Abel（2016）对 Marshal 第三因素进行考察，研究显示存在相似知识的职业劳动力容易产生协同集聚现象。二是关于产业协同集聚的水平测度研究。Desmet 和 Fafchamps（2005）与 Kolko（2010）均以生产性服务业与制造业的互动联系为突破口，考察了生产性服务业与制造业的"协同集聚"现象。陈晓峰和陈昭锋（2014）通过构建产业协同集聚指数测度了东部沿海地区 7 个省份的产业协同集聚水平，结果发现各省份生产性服务业与制造业协同集聚水平存在明显的异质性。李红等（2018）测算了广东和广西的产业协同集聚指数，结果表明，广东产业协同集聚指数明显高于广西，并且两地的产业协同集聚指数均呈现下降趋势。三是关于产业协同集聚的经济效应分析。大部分学者是从产业协同集聚对产业融合互动（Ellison and Glaeser，1997）、制造业效率提升（唐晓华等，2018）、全要素生产率（伍先福，2018）、就业增长（庄德林等，2017）、经济增长（豆建民和刘叶，2016）、城镇化水平（伍先福和杨永德，2016）、地区工资收入（陈建军等，2016）等维度探讨产业协同集聚的经济效应分析。四是关于产业协同集聚的影响因素分析。Selya（1994）以中国台湾和美国的数据为例，指出生产性服务业是制造业的中间投入品，也是影响制造业集聚和实现产业协同集聚的关键要素。江曼琦和席强敏（2014）研究认为产业内部联系、产业特征是影响生产性服务业与制造业空间集聚的重要组合关系，而投入产出关系是形成生产性服务业与制造业之间空间协同集聚的非主要诱因之一。席强敏（2014）以天津为研究对象，实证研究发现基于外部性理论的中间产品投入、劳动力市场共享和知识溢出三大集聚因子对生产性服务业与制造业协同集聚具有显著影响。五是关于产业协同集聚的空间结构演化研究。陈国亮（2015）借助改进后的 E-G 指数分析了中国海洋产业协同集聚的空间演变格局，发现海洋产业协同集聚存在空间异质性、空间连续性增强以及空间尺度变换等特征。谭洪波（2015）研究发现生产者服务业的贸易成本对生产性服务业与制造业集聚存在重要影响，当贸易成本较高时两种产业倾向于"协同集聚"；反之，则倾向于"分离式集聚"。张虎等（2017）采用空间计量模型探究了生产性服务业与制造业协同集聚的空间溢出效应，研究结果显示生产性服务业与制造业协同集聚存在空间溢出效应和空间反馈机制。

　　梳理国内外相关文献可知，以上研究为产业协同集聚的内在关联提供了重要借鉴，但仍存在以下不足之处：第一，虽然部分学者验证发现产业协同集聚存在关联特征，但区域内部是否具有共同构成的复杂关联网络还不得而知。第二，绝大多数学者通过莫兰指数、基尼系数、相对增长率等指标测度产业协同集聚在区域内部的整体相关程度，难以准确衡量其在区域产业协同集聚关联网络中的地位、作用、类型、角色。第三，研究产业协同集聚关联时常常将其禁锢在地理或经济上"邻近"或"相邻"效应，难以从全局角度把握省际产业协同集聚之间的关联特征和溢出效应。基于此，本章将重点关注上述问题。从网络结构视角出发，首先构建修正后的引力模型来计算生产性服务业与制造业协同集聚的关联关系，其次采用社会网络分析方法研究生产性服务业与制造业协同集聚关联网络的演变格局，最后剖析各省份在生产性服务业与制造业协同集聚关联网络中的地位、作用、类型、角色，旨在揭示生产性服务业与制造业协同集聚的省际关联及溢出效应。

第二节 研究设计

一 生产性服务业与制造业协同集聚关联网络的设定

关联网络的研究思想是将省份 i、j 设定为网络的关联节点，并将省份 i、j 之间的产业协同集聚关联看作一个集合，根据省份之间的关联关系绘制产业协同集聚关联的网络图。当前，测度关联网络的经典方法有 VAR 模型和引力模型，考虑到 VAR 模型适用于时间跨度较长的数据且对样本时滞的选择要求较高，不能用于截面数据的使用范畴，此处参考刘华军等（2015）的做法，借助改进后的引力模型来构建生产性服务业与制造业协同集聚的关联网络。目前，部分学者研究发现知识溢出、技术创新、地理位置是影响地区生产性服务业与制造业协同集聚的重要因素（张虎等，2017），因此本章将知识溢出、技术创新、地理位置同时纳入引力模型中。其最终计算公式为

$$Gravity_{ij} = k_{ij} \frac{\sqrt[3]{ppat_i Coagglo_i Labor_i} \sqrt[3]{ppat_j Coagglo_j Labor_j}}{\left(\dfrac{distance_{ij}}{pgdp_i - pgdp_j}\right)^2} \qquad (5-1)$$

$$k_{ij} = \frac{Coagglo_i}{Coagglo_i + Coagglo_j} \qquad (5-2)$$

式中：i、j 为不同的省份；$Gravity$ 为省份之间的引力大小；$ppat$ 为技术创新能力；$Coagglo$ 为生产性服务业与制造业协同集聚指数；$Labor$

为知识溢出水平；$pgdp$ 为人均 GDP；$distance$ 为省份 i、j 之间的球面距离，用来表征地理位置差异；k_{ij} 为省份 i 在省份 i、j 之间生产性服务业与制造业协同集聚联系中的贡献大小。考虑到仅用地理距离或经济距离测算产业协同集聚关联的影响存在一定的不足，本章参考刘华军等（2015）的思路，以省份 i、j 之间的球面距离除以省份 i、j 人均 GDP 的差值（$pgdp_i$-$pgdp_j$）表征省份之间的"经济地理距离"，该距离在纳入地理距离空间影响的同时也反映了经济要素的辐射效应。依据式（5-1）、式（5-2）计算出省际生产性服务业与制造业协同集聚的引力矩阵，以各行省际生产性服务业与制造业协同集聚的引力均值为临界点，若某省份的引力值大于该行的引力均值，则对其赋值为 1，表明该行省份对该列省份生产性服务业与制造业协同集聚具有关联特征；若某省份的引力值小于该行的引力均值，则对其赋值为 0，表明该行省份对该列省份生产性服务业与制造业协同集聚不具有关联特征。其最终计算公式为：

$$Gravity(i, j) = \begin{cases} 1 & (Gravity_{ij} \geqslant \sum_{j=1}^{N} Gravity_{i*}/N) \\ 0 & (Gravity_{ij} < \sum_{j=1}^{N} Gravity_{i*}/N) \end{cases} \qquad (5-3)$$

二　生产性服务业与制造业协同集聚关联网络特征刻画

（一）整体网络特征

网络密度（Net Destiny，ND）为实际存在关系数与最大可能关系数的比值，主要用来表征网络关联节点的紧密程度。网络的紧密程度与其获取资源的能力和相对开放程度密切相关，该数值越大，则表示该节点连接数量越多，网络内部成员之间信息传递和交互功能就越强，网络结构和地区生产性服务业与制造业协同集聚的关联关系也越密切。其计算公式为

$$ND = \frac{T}{N(N-1)} \qquad (5-4)$$

式中：N 为网络可连接节点数量；T 为实际关系数；$N(N-1)$ 为实际存在的最大关系数；ND 为网络密度。

（二）中心性分析

中心性主要用来反映网络中心化程度，处于中心领域的地区对周边地区具有更强的控制能力和影响力，比其他地区更加容易得到相关资源。目前，中心性又可以通过点度中心度、中间中心度以及接近中心度三个指标来进行测度。

1. 点度中心度

点度中心度主要依据样本在网络中的关联数来近似表征节点在网络中的中心位置程度，该数值越大，则表示该样本节点越靠近网络中心的位置。其计算公式为

$$PC = 1 - \frac{n}{N-1} \tag{5-5}$$

式中：N 为网络可连接节点数量；n 为网络中某节点与其他节点直接关联数；PC 为点度中心度。

2. 中间中心度

中间中心度主要用来测算节点控制资源能力大小，即节点样本控制其他节点间的关联关系的权力大小。其计算公式为

$$BC_{(i)} = \frac{\sum\limits_{j}^{N} \sum\limits_{k}^{N} \left[S_{jk(i)} / S_{jk} \right]}{(N-1)(N-2)} \tag{5-6}$$

式中：N 为网络可连接节点数量；$S_{jk(i)}$ 为样本 j、k 经过区域 i 的捷径数；BC 为中间中心度。

3. 接近中心度

接近中心度主要用来表示一个节点不受其他节点控制的程度，即网络节点成员在网络中对资源的实际操控能力。其计算公式为

$$CC = \frac{\sum\limits_{j=1}^{N} d_{ij}}{N-1} \tag{5-7}$$

式中：N 为网络可连接节点数量；d_{ij} 为节点 i、j 之间的捷径距离；CC 为接近中心度。

（三）块模型分析

块模型（Blockmodels）分析最早由国外学者 White、Boorman 和

Breiger 于 1976 年提出，该方法主要用来研究网络位置模型。该方法涉及两个步骤：一是对样本节点进行划分，将各个样本准确落在其对应的位置上，常见的方法有 CONCOR（迭代相关收敛法）以及层次聚类方法；二是根据设定的标准对模块进行赋值，即各个块是 1-块，还是 0-块。另外，也可以借助整体网络密度作为区域划分标准进一步分析各个位置的规模（Wasserman and Faust，1994），划分标准如表 5-1 所示，其中 g_k 为某个板块中样本数，g 为整体网络的样本数。最终，可将块模型板块划分为双向溢出板块、主受益板块、净溢出板块和经纪人板块四大类。

表 5-1　　　　　　块模型板块划分位置内部关系的比例

位置内部关系的比例	位置接收到的关系比例	
	≈ 0	>0
$\geqslant (g_k-1)/(g-1)$	双向溢出板块	主受益板块
$\leqslant (g_k-1)/(g-1)$	净溢出板块	经纪人板块

资料来源：Wasserman and Faust，*Social Network Analysis：Methods and Applications*，London：Cambridge University Press 1994.

三　变量说明与数据来源

生产性服务业与制造业协同集聚指数（*Coagglo*）。产业集聚的测度方法有很多，如行业集中度、H 指数、空间基尼系数、E-G 指数、区位熵、熵指数等。考虑到数据的易获取性以及计算复杂程度，本章采用区位熵衡量地区的生产性服务业集聚（*Psagglo*）和制造业集聚（*Magglo*）指数，其中 e_{ij} 为 i 地区在 j 产业上的就业人口。

$$Agglo_{ij} = \left(\frac{e_{ij}}{\sum_i e_{ij}} \right) \Big/ \left(\frac{\sum_j e_{ij}}{\sum_i \sum_j e_{ij}} \right) \tag{5-8}$$

关于生产性服务业的界定，本章参照宣烨（2012）、于斌斌和金刚（2014）的思路，将"信息传输、计算机服务和软件业""金融业""房地产业""租赁和商业服务业""科研、技术服务和地质勘查业"合并为生产性服务业。目前，学术界在测度协同集聚指数方面还没有统一的计算方法，本章借鉴陈国亮和陈建军（2012）、杨仁发（2013）的做法，通过产业集聚的相对差异来衡量生产性服务业与制造业之间的协同集聚水平，具体计算公式为

$$Coagglo_{it} = \begin{cases} 1 - \dfrac{\left| Magglo_{it} - Psagglo_{it} \right|}{Magglo_{it} + Psagglo_{it}} & (Magglo_{it} + Psagglo_{it} \geqslant 1) \\ \text{不考虑} & (Magglo_{it} + Psagglo_{it} < 1) \end{cases}$$

$$(5-9)$$

式中：$Psagglo$、$Magglo$ 分别为地区生产性服务业、制造业的区位熵值。$Coagglo$ 数值越大，表明生产性服务业与制造业的协同集聚水平越高。

知识溢出（$Labor$）。知识溢出是影响生产性服务业与制造业协同集聚的重要因素，能够通过提高地区创新与管理水平加速生产性服务业与制造业的协同集聚。本章用人力资本来衡量知识溢出水平，参考岳书敬和刘朝明（2006）的思路，使用居民平均受教育年限和总人口数量的比值来表示，在计算居民平均受教育年限方面，将居民受教育程度划分为小学（$primary$）、初中（$junior$）、高中（$senior$）、大专及以上（$college$）四类，将各类教育的平均累计受教育年限设定为 6 年、9 年、12 年、16 年，其计算公式为

$$Labor_{it} = (6 \times primary_{it} + 9 \times junior_{it} + 12 \times senior_{it} + 16 \times college_{it}) / population_{it}$$

$$(5-10)$$

技术创新能力（$ppat$）。地区技术创新在影响生产性服务业与制造业协同集聚中扮演着至关重要的角色，因而选取专利申请授权量来表征地区技术创新能力。

经济发展水平（$pgdp$）。一般而言，地区经济发展水平越高，居民消费能力越强，有利于扩大地区生产性服务业与制造业的发展规模，在一定程度上会提升生产性服务业与制造业的协同集聚水平。本章用人均 GDP 来表征经济发展水平。

地理距离（$distance$）。地区地理距离越近，相关产业越容易高度集聚。本章用省份之间的球面距离来表征地理距离。

本章使用的数据均来源于 2004—2017 年《中国统计年鉴》《中国

人口和就业统计年鉴》《中国城市统计年鉴》，省份地理距离根据 ArcGIS 计算得到，在研究对象上选取除西藏和港、澳、台地区外的 30 个省份。

第三节　生产性服务业与制造业协同集聚的空间网络结构特征

一　生产性服务业与制造业协同集聚整体网络特征分析

本章采用修正后的引力模型公式，通过构建省际生产性服务业与制造业协同集聚的关系矩阵，对中国 30 个省份（除西藏和港、澳、台外）之间的生产性服务业与制造业协同集聚联系网络结构进行计算。同时，为了更直观地反映省际生产性服务业与制造业协同集聚的动态演变特征，此处借助 Ucinet 软件的 Netdraw 可视化工具绘制了我国 2003 年和 2016 年的网络分布图，具体如图 5-1 和图 5-2 所示。结果显示：省际生产性服务业与制造业协同集聚的关联关系具有显著的网络结构，网络关联较多的省份主要集中在上海、北京、天津、河北、江苏、浙江和广东 7 个省份，开始出现较为显著的"中心-边缘"发展形态。在样本研究时段内，以 2010 年为分界点，中国省际生产性服务业与制造业协同集聚联系网络总数呈现先升后降的发展态势，表现在 2003—2010 年，省际生产性服务业与制造业协同集聚联系网络总数快速上升，从 2003 年的 122 上升至 2010 年的 170，升幅约 39.34%，而在 2010—2016 年，省际生产性服务业与制造业协同集聚联系网络总数开始缓慢下降，从 2010 年的 170 下降至 2016 年的 158，降幅约 7.06%。与之相一致的是，中国 30 个省份之间的生产性服务业与制造业协同集聚关联的整体网络密度也呈现先升后降的发展态势，表现在 2003—2010 年，生产性服务业与制造业协同集聚关联的整体网络密度快速上升，从 2003 年的 0.14 上升至 2010 年的 0.20，升幅约 42.86%，而在 2010—2016 年，生产性服务业与制造业协同集聚关联的整体网络密度开始缓慢下降，从 2010 年的 170 下降至 2016 年的 158，降幅约 7.06%。出现上述现象的原因在于，"十一五"时

期中国经济高速发展进一步扩张了制造业的发展规模，有助于生产性
服务业以及生产性服务业与制造业产业协同集聚水平的同步提升，但
大规模制造业浪潮的涌入加剧了高能耗产业的饱和程度，致使地方政
府开始加强环境规制，通过出台相关政策对污染密集型行业进行治
理，东部地区大部分污染型制造业开始向中、西部进行内迁，在一定
程度上抑制了生产性服务业与制造业产业协同集聚的整体发展。

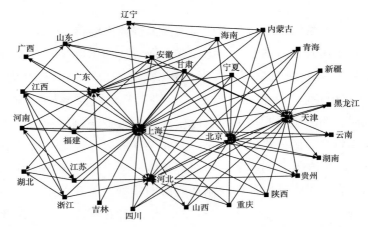

图5-1　2003年中国省际生产性服务业与制造业协同集聚的关联网络

资料来源：笔者借助 Ucinet 软件的 Netdraw 可视化工具绘制得到。

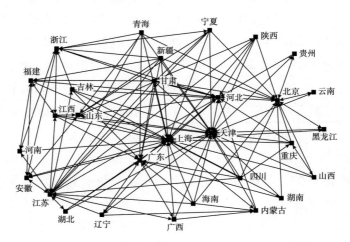

图5-2　2016年中国省际生产性服务业与制造业协同集聚的关联网络

资料来源：笔者借助 Ucinet 软件的 Netdraw 可视化工具绘制得到。

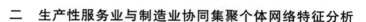

二　生产性服务业与制造业协同集聚个体网络特征分析

为了进一步反映各省份在生产性服务业与制造业协同集聚关联网络中的地位和作用，此处给出了点度中心度、中间中心度、接近中心度三个指标来分析网络中心性特征，最终测算结果如表5-2所示。

表5-2　　　　省际生产性服务业与制造业协同集聚关联网络的
中心性分析

省份	点度中心度				中间中心度		接近中心度	
	点出度	点入度	中心度	排序	中心度	排序	中心度	排序
北京	4	14	48.28	4	7.55	3	58.00	8
天津	4	22	75.86	2	21.60	2	78.38	2
河北	3	14	48.28	4	6.46	5	65.91	3
山西	4	1	13.79	24	0.14	27	51.79	23
内蒙古	6	3	20.69	15	0.36	19	55.77	12
辽宁	5	2	17.24	22	0.29	22	52.73	21
吉林	6	1	20.69	15	0.55	18	55.77	12
黑龙江	3	2	10.35	28	0.14	27	50.88	27
上海	5	23	79.31	1	21.70	1	80.56	1
江苏	7	14	51.72	3	6.99	4	61.70	5
浙江	4	8	31.03	8	1.85	8	50.00	28
安徽	6	4	20.69	15	0.68	16	54.72	18
福建	5	5	24.14	11	0.81	14	55.77	12
江西	7	2	24.14	11	0.92	11	55.77	12
山东	5	6	31.03	8	0.82	13	59.18	7
河南	4	3	13.79	24	0.27	24	49.15	29
湖北	4	3	13.79	24	0.18	26	51.79	23
湖南	4	1	13.79	24	0.25	25	51.79	23
广东	5	12	44.83	6	4.03	6	63.04	4
广西	5	4	17.24	22	0.29	22	52.73	21

续表

省份	点度中心度				中间中心度		接近中心度	
	点出度	点入度	中心度	排序	中心度	排序	中心度	排序
海南	6	1	20.69	15	0.71	15	54.72	18
重庆	6	2	20.69	15	0.34	20	55.77	12
四川	6	1	20.69	15	0.67	17	54.72	18
贵州	3	2	10.35	28	0.05	29	51.79	23
云南	2	2	6.90	30	0.05	29	46.03	30
陕西	6	1	20.69	15	0.33	21	55.77	12
甘肃	11	2	37.93	7	2.21	7	61.70	5
青海	7	0	24.14	11	1.13	10	56.86	10
宁夏	7	1	24.14	11	0.88	12	56.86	10
新疆	8	0	27.59	10	1.53	9	58.00	8
平均值	5.27	5.27	27.82	—	2.79	—	56.92	—

资料来源：笔者根据公式计算整理得到。

（一）点度中心度

由表 5-2 可以发现，中国 30 个省份的点度中心度平均值为 27.82，仅有 9 个省份高于全国平均水平，表明这 9 个省份同其他省份之间的生产性服务业与制造业协同集聚关联十分紧密，而且除甘肃外其余 8 个省份都是接收关系明显大于溢出关系，极化效应大于涓滴效应，具有"虹吸"现象。其中，上海的点度中心度为 79.31，居 30 个省份之首，关系度为 28，说明上海在中国生产性服务业与制造业协同集聚关联网络处于核心位置，与其他 28 个省份均具有密切联系，天津、江苏、北京、河北、广东、甘肃、山东和浙江分别居第 2—9 位，点度中心度得分依次为 75.86、51.72、48.28、48.28、44.83、37.93、31.03、31.03，而黑龙江、贵州和云南居全国后三位，点度中心度得分仅为 10.35、10.35、6.90。此外，从点出度和点入度也可以发现，点度中心度高于全国水平的 9 个省份中，除甘肃外其余 8 个省份的点入度大于点出度，在网络结构里扮演着生产性服务业与制造

业协同集聚关联关系的接收主体，而点度中心度排名末尾的省份点入度小于点出度，在网络结构里扮演着生产性服务业与制造业协同集聚关联关系的发出主体。

（二）中间中心度

由中间中心度的计算结果可知（见表5-2），中国30个省份中间中心度的平均值为2.79，北京、天津、河北、上海、江苏、广东6个省份高于平均值，得分依次为7.55、21.60、6.46、21.70、6.99、4.03，表明上述省份具有显著的"桥梁"和"中介"作用，在生产性服务业与制造业协同集聚的网络中对其他省份的生产性服务业与制造业协同集聚关联关系存在有效的控制作用。而中间中心度排在末尾的黑龙江、云南、贵州、山西和湖北等省份的得分较低，分别为0.14、0.05、0.05、0.14、0.18，反映出上述省份在生产性服务业与制造业协同集聚的网络中的原始形态容易发生变更，易受到中间中心度较高的省份的影响。值得一提的是，高于平均得分的6个省份中间中心度的总和为68.33，约占总数比重高达81.56%，上述省份主要集中分布在地理位置优越、经济发展水平较高、制造业和服务业更为发达的东部沿海地区。而排在末尾的5个省份的中间中心度的总和为0.56，仅占总数比重的0.67%左右，上述省份主要分布在经济欠发达和从事劳动密集型产业的地区，说明省际生产性服务业与制造业协同集聚关联网络的中间中心度具有显著的异质性特征，受到诸如地理位置、经济发展水平、产业结构等因素的影响。

（三）接近中心度

表5-2报告了接近中心度的计算结果，中国30个省份接近中心度的平均水平为56.92，北京、天津、河北、上海、江苏、山东、广东、甘肃、新疆9个省份高于平均值，得分依次为58.00、78.38、65.91、80.56、61.70、59.18、63.04、61.70、58.00，接近中心度越高则表示上述省份在生产性服务业与制造业协同集聚关联网络中越处于中心行动者的位置，可以凭借自身较高的资源流动效率以及资源获取效率，不断加快自身与周边地区的内在联系。而接近中心度排在末尾的黑龙江、云南、贵州、山西、湖南、湖北和浙江等省份的得分均低于平

值，分别为 50.88、46.03、51.79、51.79、51.79、51.79、50.00，接近中心度越低则表示上述省份在生产性服务业与制造业协同集聚关联网络中越处于边缘行动者的位置，加之自身经济发展和地理位置处于劣势低位（除浙江外），极其容易被周边其他省份边缘化。

三 生产性服务业与制造业协同集聚的溢出效应分析

本章借助 Ucinet 软件的 CONCOR（迭代相关收敛法）模块对中国产业协同集聚进行分块研究，进一步揭示各省份生产性服务业与制造业协同集聚关联网络的聚类特征。在操作上设定最大分割深度为 2，集中标准为 0.2，同时结合了每个节点之间的受益关联关系以及溢出关联关系，最终将中国 30 个省份生产性服务业与制造业协同集聚的关联网络分为四大板块（Block），计算结果如图 5-3 和表 5-3 所示。

从省际层面来看，受益关联关系较高的省份有北京（14）、天津（22）、河北（14）、上海（23）、江苏（14）和广东（12），而青海（0）和新疆（0）的受益关联关系最低。溢出关联关系排在前 6 名的省份有甘肃（11）、宁夏（7）、青海（7）、新疆（8）、江苏（7）和江西（7），而河北（3）、黑龙江（3）、贵州（3）和云南（2）等省份排在末尾。上海、天津、江苏、北京、河北以及广东的关联关系总数最高，依次为 28、26、21、18、17、17，而山西、黑龙江、湖南、贵州和与云南的关联关系总数较低，依次为 5、5、5、5、4。从区际层面来看，第 I 板块、第 II 板块内的省份主要集中分布在经济较为发达、制造业与生产性服务业十分密集的环渤海、长三角和珠三角地区，其中有 4 个省份落在第 I 板块内，依次为北京、天津、上海和广东，落在第 II 板块的省份有 4 个，分别是江苏、山东、福建、浙江。第 III 板块、第 IV 板块主要由中西部地区的省份组成，其中落在第 III 板块的省份有 10 个，依次为河北、山西、内蒙古、黑龙江、湖南、四川、重庆、贵州、云南和陕西，而第 IV 板块省份的数量最多，高达 12 个，分别是辽宁、吉林、安徽、江西、河南、湖北、广西、海南、甘肃、青海、宁夏和新疆。

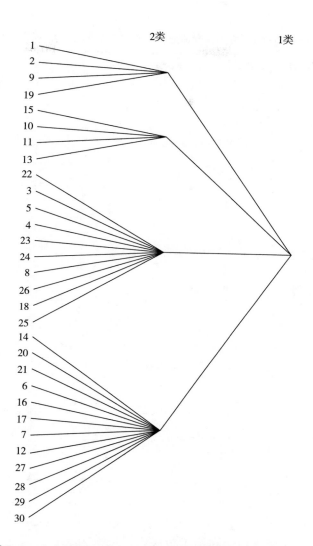

图 5-3　生产性服务业与制造业协同集聚关联网络的聚类图

注：数字 1—30（竖列）代表 30 个省份，分别为北京（1）、天津（2）、河北（3）、山西（4）、内蒙古（5）、辽宁（6）、吉林（7）、黑龙江（8）、上海（9）、江苏（10）、浙江（11）、安徽（12）、福建（13）、江西（14）、山东（15）、河南（16）、湖北（17）、湖南（18）、广东（19）、广西（20）、海南（21）、重庆（22）、四川（23）、贵州（24）、云南（25）、陕西（26）、甘肃（27）、青海（28）、宁夏（29）、新疆（30）。

表 5-3　省际生产性服务业与制造业协同集聚关联网络的聚类特征

省份	受益关联关系	溢出关联关系	关联关系总数	所属板块
北京	14	4	18	板块 I
天津	22	4	26	板块 I
河北	14	3	17	板块 III
山西	1	4	5	板块 III
内蒙古	3	6	9	板块 III
辽宁	2	5	7	板块 IV
吉林	1	6	7	板块 IV
黑龙江	2	3	5	板块 III
上海	23	5	28	板块 I
江苏	14	7	21	板块 II
浙江	8	4	12	板块 II
安徽	4	6	10	板块 IV
福建	5	5	10	板块 II
江西	4	7	11	板块 IV
山东	6	5	11	板块 II
河南	3	4	7	板块 IV
湖北	3	4	7	板块 IV
湖南	1	4	5	板块 III
广东	12	5	17	板块 I
广西	4	5	9	板块 IV
海南	1	6	7	板块 IV
重庆	2	6	8	板块 III
四川	1	6	7	板块 III
贵州	2	3	5	板块 III
云南	2	2	4	板块 III
陕西	1	6	7	板块 III
甘肃	2	11	13	板块 IV
青海	0	7	7	板块 IV

续表

省份	受益关联关系	溢出关联关系	关联关系总数	所属板块
宁夏	1	7	8	板块Ⅳ
新疆	0	8	8	板块Ⅳ

资料来源：笔者根据公式计算整理得到。

　　表5-4进一步测算了不同板块内生产性服务业与制造业协同集聚关联板块的溢出效应。根据前文计算结果可知，在样本考察期内省际生产性服务业与制造业协同集聚整体网络的关系总数为158个，其中板块内部关系为10个，仅占板块关系总数比重的6.33%左右，而板块间的关系为148个，约占板块关系总数比重的93.67%，上述结果表明板块间的关系总数远远高于板块内的关系总数，反映出中国30个省份之间的生产性服务业与制造业协同集聚具有显著的关联和溢出效应。通过对四大板块的内部剖析，可以将第Ⅰ板块设定为净溢出板块，其原因在于该板块成员向其他板块成员的发出关系明显大于接收关系，表现在该板块的发出关系数为71，有1个关系隶属板块内部，接收其他板块溢出效应的关系数为18，且期望内部关系占比（10.34%）远远大于实际内部关系占比（1.41%）。第Ⅱ板块的发出关系数为33，有1个关系隶属板块内部，接收其他板块溢出效应的关系数为21，期望内部关系占比（10.34%）远远大于实际内部关系占比（3.03%），该板块成员在发出关系的同时也接收其他板块的关系，并且接收关系与发出关系总数较为相近，因此可以将第Ⅱ板块设定为双向溢出板块。第Ⅲ板块设定为经纪人板块，其原因在于该板块成员的接收关系与发出关系总数较为相近，且内部关系数量最多，在生产性服务业与制造业协同集聚关联网络中扮演着"中介"与"桥梁"作用，表现在该板块的发出关系数为25，有6个关系隶属板块内部，接收其他板块溢出效应的关系数为43，且期望内部关系占比（31.03%）远远大于实际内部关系占比（24.00%）。第Ⅳ板块的发出关系数为29，有2个关系隶属板块内部，接收其他板块溢出效应的关系数为76，期望内部关系占比（37.93%）远远大于实际内部关系占

91

比（6.89%），该板块的内部关系数较少，并且板块发出关系数远小于接收关系数，因此可以将第Ⅳ板块设定为主受益板块。

表 5-4　　生产性服务业与制造业协同集聚关联板块的溢出效应

板块	接收关系数合计		发出关系数合计		期望内部关系比例（%）	实际内部关系比例（%）	板块类型
	板块内	板块外	板块内	板块外			
板块Ⅰ	1	17	1	70	10.34	1.41	净溢出板块
板块Ⅱ	1	20	1	32	10.34	3.03	双向溢出板块
板块Ⅲ	6	37	6	19	31.03	24.00	经纪人板块
板块Ⅳ	2	74	2	27	37.93	6.89	主受益板块

注：期望内部关系比例=（板块内省份个数-1）/（网络中所有省份个数-1）；实际内部关系比例=板块内部关系数/板块的溢出关系总数。

　　为了揭示生产性服务业与制造业协同集聚在四大板块之间的溢出关系，本章通过计算各板块的密度矩阵，将密度矩阵转化为像矩阵来分析各板块之间的溢出关系与传递情况。根据前文计算结果可知，在样本考察期内中国省际生产性服务业与制造业协同集聚关联的平均网络密度为0.18，若某一板块的网络密度大于0.18，则对其赋值为1，表明生产性服务业与制造业协同集聚溢出关系在该板块内较为集中；反之，若某一板块的网络密度小于0.18，则对其赋值为0，表明生产性服务业与制造业协同集聚溢出关系在该板块内较为分散。表5-5所示为密度矩阵和像矩阵的计算结果，同时为了进一步明晰四大板块之间的关联关系，本章还绘制了板块溢出传递示意图，如图5-4所示。

表 5-5　　　　生产性服务业与制造业协同集聚关联板块的
密度矩阵与像矩阵

板块	密度矩阵				像矩阵			
	板块Ⅰ	板块Ⅱ	板块Ⅲ	板块Ⅳ	板块Ⅰ	板块Ⅱ	板块Ⅲ	板块Ⅳ
板块Ⅰ	0.17	0.00	0.28	0.10	0	0	1	0

续表

板块	密度矩阵				像矩阵			
	板块Ⅰ	板块Ⅱ	板块Ⅲ	板块Ⅳ	板块Ⅰ	板块Ⅱ	板块Ⅲ	板块Ⅳ
板块Ⅱ	0.19	0.00	0.10	0.29	1	0	0	1
板块Ⅲ	0.73	0.05	0.09	0.03	1	0	0	0
板块Ⅳ	0.77	0.65	0.05	0.02	1	1	0	0

注："1"表示行指向列关联关系；"0"表示没有关联关系。

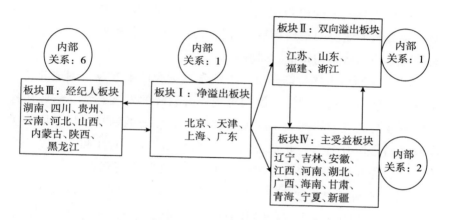

图5-4　中国省际生产性服务业与制造业协同集聚四大板块间的关联关系

由图5-4可知，四大板块之间并没有形成一个完整的闭合回路，而是呈现出一种线性关系传递态势。其中，第Ⅰ板块主要对第Ⅲ板块具有溢出关系；第Ⅱ板块主要对第Ⅰ板块、第Ⅳ板块存在溢出关系；第Ⅲ板块主要对第Ⅰ板块具有溢出关系；第Ⅳ板块主要对第Ⅰ板块、第Ⅱ板块存在溢出关系。出现上述现象的原因在于，东部地区生产性服务业与制造业协同集聚水平较高，制造业集聚有效带动了生产性服务业的发展，而生产性服务业集聚通过输出的人力、知识资本又反过来推动了制造业的进步，对自身制造业价值链的提升和中、西部地区的知识溢出和技术外溢效应十分显著，而中、西部地区资源储备较为丰富，蕴含大量的风能、水能、石油、天然气、煤炭等资源，为以京津冀、长三角以及珠三角地区为首的东部地区的生产性服务业与制造业发展注入了源源不断的动力支撑，从而对东部地区形成反向溢出回流效应，表明在省际生产性服务业与制造业协同集聚关联网络中四大板块之间发挥着自身的比较优势，板块间的联动效应逐步增强。

第四节 本章小结

本章从网络结构视角出发，基于 2003—2016 年中国省际生产性服务业与制造业协同集聚指数，分析省际生产性服务业与制造业协同集聚的空间网络结构特征。研究结论如下。

（1）从网络整体特征来看，中国省际生产性服务业与制造业协同集聚联系网络总数与网络密度均呈现先升后降的发展态势，省际生产性服务业与制造业协同集聚的关联关系具有显著的网络结构，网络关联较多的省份有上海、北京、天津、河北、江苏、浙江和广东 7 个省份，它们均开始出现较为显著的"中心-边缘"发展形态。

（2）从网络中心性特征来看，仅有 9 个省份点度中心度高于全国平均水平，表明这 9 个省份同其他省份之间的生产性服务业与制造业协同集聚关联十分紧密，而且除甘肃外其余 8 个省份都是接收关系明显大于溢出关系，极化效应大于涓滴效应，具有"虹吸"现象。北京、天津、河北、上海、江苏、广东 6 个省份高于中间中心度平均值，表明上述省份具有显著的"桥梁"和"中介"作用，在生产性服务业与制造业协同集聚的网络中对其他省份的生产性服务业与制造业协同集聚关联关系存在有效的控制作用。北京、天津、河北、上海、江苏、山东、广东、甘肃、新疆 9 个省份高于接近中心度平均值，在生产性服务业与制造业协同集聚关联网络中处于中心行动者的位置，凭借自身较高的资源流动效率以及获取效率，有助于加快自身与周边地区的内在联系。

（3）第 I 板块、第 II 板块内的省份主要集中分布在经济较为发达、制造业与生产性服务业十分密集的环渤海、长三角和珠三角地区，其中北京、天津、上海和广东 4 个省份落在第 I 板块内，扮演着

"净溢出板块"角色，落在第Ⅱ板块的省份有 4 个，扮演着"双向溢出板块"角色，分别是江苏、山东、福建、浙江。第Ⅲ板块、Ⅳ板块主要由中西部地区的省份组成，其中落在第Ⅲ板块的省份有湖南、四川、贵州、云南、河北、山西、内蒙古、陕西和黑龙江，扮演着"经纪人板块"角色，而第Ⅳ板块省份的数量最多，扮演着"主受益板块"角色，分别是辽宁、吉林、安徽、江西、河南、湖北、广西、海南、甘肃、青海、宁夏和新疆。

　　本章的政策启示：一是由于中国各省份生产性服务业与制造业协同集聚发展水平差异较大，需要深入了解生产性服务业与制造业协同集聚关联关系及其网络结构特征，处理好省份之间"一对多"和"多对多"的复杂网络关系，尽可能降低"双轮驱动"战略的实施难度；二是目前中国省际生产性服务业与制造业协同集聚网络关联数和网络密度还不高，有待进一步调整和优化生产性服务业与制造业协同集聚的关联网络结构，提升生产性服务业与制造业协同集聚配置效率，充分发挥生产性服务业与制造业协同集聚的溢出效应；三是考虑到生产性服务业与制造业协同集聚关联网络具有板块结构特征，各板块内部发展情况差异较大，因此在制定相关政策措施上需要做到因地制宜，实施差异化管理。

产业关联视角下生产性服务业与制造业协同集聚对雾霾污染的影响研究

随着经济全球化和国际分工的日益深入，生产性服务业与制造业的协同发展已经成为世界经济发展的一个趋势，在此背景下探究生产性服务业与制造业协同集聚对雾霾污染的影响具有重要的现实意义。本章基于产业关联视角，试图将生产性服务业与制造业协同集聚、制造业效率与雾霾污染纳入同一框架下，从全国层面、分时段层面、分区域层面、分行业层面出发，采用 SYS-GMM 模型实证检验生产性服务业与制造业协同集聚、制造业效率与雾霾污染的内在联系，并探究制造业与不同生产性服务业行业之间的协同集聚对雾霾污染的影响。

第一节　引言

随着经济全球化和国际分工的日益深入，生产性服务业与制造业的协同互动已经成为世界经济发展的重要趋势，也是我国打造高端制造业与现代服务业的必由之路。目前，我国正处于新型工业化飞速发展阶段，生产性服务业与制造业开始从共生阶段转向融合阶段，两者产业协同集聚发展作为一种介于多样化与专业化之间的集聚经济形态，已经成为绝大多数地区产业经济发展的常态，有助于地区"双轮驱动"与"融合创新"平台的搭建，对我国转变粗放型经济发展方式具有重要影响。近年来，我国政府相继出台了《关于加快制造业服务化的若干意见》《装备制造业调整和振兴规划》《中国制造2025》，将推动生产性服务业与制造业互动融合发展上升至国家战略层面。众所周知，制造业是我国环境污染产生的主要来源，如何进一步发展新型制造业，提升制造业效率与降低环境污染是高质量发展背景下我国实现经济转型必须面临的重要挑战。随着我国劳动分工以及产业关联度的不断加深，现代服务业与先进制造业"双轮驱动"战略的实施，生产性服务业与制造业协同集聚的规模效应和外溢效应逐渐增强，提高生产性服务业与制造业协同集聚程度已成为促进产业结构转型、提升制造业效率的重要手段，生产性服务业与制造业协同集聚可以通过竞争效应、学习效应、专业化效应以及规模经济效应等促进制造业效率的提升，有助于缓解日益严重的环境污染。雾霾污染作为环境污染的重要组成部分，也必然随着生产性服务业与制造业协同集聚和制造业效率的不断提升而有所改善。

综观国内外学术界研究成果，已有部分学者剖析了产业协同集聚、制造业效率与环境污染的相互关系，但研究维度基本为两两关系分析，即产业协同集聚对制造业效率的影响、产业协同集聚对环境污染的影响以及制造业效率对环境污染的影响。在产业协同集聚对制造业效率的影响方面，国内外学术界对其研究成果还不多见，目前研究集中在生产性服务业集聚对制造业效率的影响。如 Markusen（1989）、Eswaran 和 Kotwal（2002）研究指出生产性服务业集聚在提高自身效率的同时，可以通过降低中介服务交易成本、提高产业化水平来提升制造业效率。Dnniels（1989）研究发现生产性服务业集聚不仅可以促进自身发展，也为提高制造业生产率提供了有力保障。Arnold 等（2011）以捷克国企作为研究对象，研究发现适当改革生产性服务业部门能够显著推动下游制造企业生产效率的提升。Cui（2012）认为生产性服务业与制造业联系紧密、相互促进，生产性服务业加速了制造业集聚，两大产业发展受益于产业集群的协同效应。盛丰（2014）

剖析了生产性服务业聚集促进制造业升级的理论机制，并构建空间计量模型分析得出生产性服务业集聚不仅有助于本地制造业升级，还可以对邻近地区制造业升级产生空间外溢效应。刘叶和刘伯凡（2016）通过构建动态面板回归模型，实证检验结果显示产业协同集聚对制造业 TFP 存在正向促进作用，技术进步是产业协同集聚提升制造业 TFP 的主要途径。余泳泽等（2016）借助空间计量模型实证检验了我国城市生产性服务业空间聚集对制造业生产效率提升作用，研究结果显示，生产性服务业空间聚集对制造业生产效率提升存在显著的空间外溢效应及其衰减边界。唐晓华等（2018）采用灰色 GM（1，N）模型、Malmquist 指数模型、门槛回归模型探究了生产性服务业与制造业协同发展对制造业效率的异质性影响，研究发现生产性服务业与制造业协同发展可以显著促进制造业效率的提升，但在不同门槛上两者的关系呈现非线性特征。

在产业协同集聚对环境污染的影响方面，国内外学术界对该部分的研究成果较少，现有研究主要集中在产业集聚对环境污染的影响。部分学者认为产业集聚不利于环境质量的提升，如 Coyle（1997）以东欧和苏联企业为例，研究发现政府在特定区域内从事经济活动或者企业进行大规模扩张会产生大量的空气、水、土地污染。Verhoef 等（2002）借助空间计量模型实证检验得出产业集聚对环境污染存在负向外部性，在促进经济发展的同时也在加大地区环境污染。相反，部分学者则认为产业集聚改善了环境质量，如闫逢柱等（2011）以中国制造业为研究对象，实证得出产业集聚在短期内可以改善环境污染，但在长期内两者并不存在必然的因果关系。李勇刚和张鹏（2013）实证结果显示产业集聚能够改善环境污染程度，但产业集聚对环境产生的积极影响具有显著的区域差异。另外，也有部分学者研究发现产业集聚对环境污染的影响存在非线性关系，如杨仁发（2015）、张可和豆建民（2016）研究发现产业集聚水平高于门槛临界值时，产业集聚对环境污染起积极作用；而产业集聚水平低于门槛临界值时，产业集聚对环境污染起消极作用。

在制造业效率对环境污染的影响方面，国内外学者已取得一定的进展，如 Xing 和 Kolstad（2002）采用美国对其他国家投资的数据，发现污染密集型产业与东道国的环境规制程度呈现负向关系。Javorcik 和 Wei（2005）以东欧、苏联等国家跨国企业数据为例，研究发现高污染产业的外资流入加剧了东道国的环境污染。臧志彭和崔维军（2008）在分析制造业环境友好内涵的基础上，通过构建制造行业环境友好的评价体系，借助聚类分析、Kruskal－Wallis H 非参数检验方法对中国制造行业环境友好状况进行测度。韩晶等（2014）研究指出中国制造业环境效率呈现逐年上升发展态势，并且制造业环境效率水平具有显著的行业差异特性。余红伟和张洛熙（2015）研究发现制造业结构升级不能改善地区的空气质量，资金密集型产业比重上升加速了空气污染，而技术密集型产业比重上升还未能有效减少空气污染。徐保昌等（2016）以中国制造业企业数据为例，实证结果显示中国制造业企业的出口有助于降低其环境污染。石敏俊等（2017）检验了制造业产业结构演进及其产业转移对区域环境污染的影响，研究结果表明重化工业、日用消费品产业、农业资源型产业的转入能够明显加剧地区污染，而技术密集型产业和耐用消费品产业的转入则可以降低地区污染。

通过对现有文献的梳理可知，产业集聚与环境污染、制造业效率与环境污染的关系错综复杂，学术界对其研究结论仍未达成一致，但值得关注的是，产业集聚的确有助于推动制造业效率提升。基于此，本章试图在以下几方面进行突破：第一，以往研究产业集聚大多集中在工业集聚、制造业集聚、服务业集聚，对生产性服务业与制造业协同集聚的研究还不多见。第二，研究产业集聚、制造业效率和环境污染的文献还不多见，涉及生产性服务业与制造业协同集聚与雾霾污染的研究成果更是微乎其微，因此本章试图将生产性服务业与制造业协同集聚、制造业效率与雾霾污染纳入同一框架下，考察不断提升的生产性服务业与制造业协同集聚水平、制造业效率是否是改善雾霾污染的主要因素。第三，以往研究主要将生产性服务业看作一个整体，缺乏制造业与不同生产性服务业行业之间的协同集聚研究，因此本章进一步分析制造业与不同生产性服务业行业之间的协同集聚对雾霾污染的异质性影响。

基于对前文理论机制的剖析，本章提出假设 6-1、假设 6-2 和假设 6-3，并对其进行进一步的验证。

假设 6-1：生产性服务业与制造业协同集聚是影响我国雾霾污染的重要机制，对改善雾霾污染具有显著的促进作用。

假设 6-2：制造业是我国环境污染的主要来源，提升制造业效率有助于缓解雾霾污染。

假设 6-3：生产性服务业与制造业协同集聚可以促进制造业效率提升，从而进一步缓解雾霾污染。

第二节　研究设计

一　模型建立

首先，本章构建生产性服务业与制造业协同集聚、制造业效率与雾霾污染的基准回归模型：

$$H_{it} = \alpha_0 + \alpha_1 Coagglo_{it} + \alpha_2 tfp - MA_{it} + \sum_{j=3}^{8} \alpha_j control_{it}^j + \nu_i + \eta_t + \varepsilon_{it}$$

$$(6-1)$$

其次，考虑到雾霾污染是一个动态积累的过程，表现在当期雾霾污染程度在很大程度上会受前期的影响，因此，本章通过引入被解释变量的滞后项 H_{it-1}，将其扩展为一个动态面板模型，在一定程度上克服模型内生性和遗漏变量问题对估计结果的影响。

最后，为了进一步验证 Coagglo 与 tfp-MA 之间的交互影响，纳入了生产性服务业与制造业协同集聚与制造业效率的交叉项（Coagglo×tfp-MA），在式（6-1）的基础上将最终的计量模型设定为

$$H_{it} = \alpha_0 + \alpha_1 H_{it-1} + \alpha_2 Coagglo_{it} + \alpha_3 tfp - MA_{it} + \alpha_4 Coagglo_{it} \times tfp -$$

$$MA_{it} + \sum_{j=5}^{10} \alpha_j control_{it}^j + \nu_i + \eta_t + \varepsilon_{it} \qquad (6-2)$$

式中：i 为省份；t 为年份；H 为雾霾污染；Coagglo、tfp-MA 是本章

关注的核心变量，分别为生产性服务业与制造业协同集聚、制造业效率；$control_{it}^{j}$ 为控制变量，包括产业结构升级（$Structure$）、市场化水平（$Market$）、技术创新（$Tech$）、人力资本（$Labor$）、城市蔓延度（$Sprawl$）、环境规制（$Regu$）、产出水平（$Pgdp$）等；ν_i、η_t 分别为省份、年份固定效应；ε_{it} 为随机扰动项。

二　变量说明

（一）被解释变量

雾霾污染（H）。雾霾是燃煤排放的烟尘、工业生产排放的废气、交通工具排放的尾气以及道路路面的扬尘等因素引起空气中有害、可吸入颗粒物浓度上升的大气污染现象，其主要成分是 PM2.5 和 PM10，与 PM10 相比，PM2.5 具有小颗粒、活性强、输送距离远、分布广、空气滞留时间长、易携带有毒物质等特性，对居民生活和大气环境的危害程度远大于 PM10，因此本章采用 PM2.5 来反映雾霾污染程度。考虑到 PM2.5 数据的不完善，对 PM2.5 的统计数据只限于各个省会城市和重点城市，加之省会城市又是全省的经济活动重心，各省份 PM2.5 统计数据用省会城市的数据替代。

（二）核心解释变量

（1）生产性服务业与制造业协同集聚指数（$Coagglo$）。产业集聚的测度方法有很多，如行业集中度、H 指数、空间基尼系数、E-G 指数、区位熵、熵指数等。考虑到数据的易获取性以及计算复杂程度，本章采用区位熵衡量地区的生产性服务业集聚（$Psagglo$）和制造业集聚（$Magglo$）指数，其中 e_{ij} 为 i 地区在 j 产业上的就业人口。

$$Agglo_{ij} = \left(\frac{e_{ij}}{\sum_i e_{ij}} \right) \bigg/ \left(\frac{\sum_j e_{ij}}{\sum_i \sum_j e_{ij}} \right) \tag{6-3}$$

关于生产性服务业的界定，本章参照于斌斌和金刚（2014）的思路，将"信息传输、计算机服务和软件业""金融业""房地产业""租赁和商业服务业""科研、技术服务和地质勘查业"合并为生产性服务业。目前，学术界在测度协同集聚指数方面还没有统一的计算方法，本章借鉴杨仁发（2013）的做法，通过产业集聚的相对差异来

衡量生产性服务业与制造业产业之间的协同集聚水平，具体计算公式为

$$Coagglo_{it} = \begin{cases} 1 - \dfrac{|Magglo_{it} - Psagglo_{it}|}{Magglo_{it} + Psagglo_{it}} & (Magglo_{it} + Psagglo_{it} \geqslant 1) \\ \text{不考虑} & (Magglo_{it} + Psagglo_{it} < 1) \end{cases}$$

$$(6-4)$$

式中：$Psagglo$、$Magglo$ 分别为地区生产性服务业、制造业的区位熵值。$Coagglo$ 数值越大，表明生产性服务业与制造业的协同集聚水平越高。

（2）制造业效率（$tfp\text{-}MA$）。目前，关于制造业效率测度的研究中，绝大多数学者往往借助制造业产出率、劳动生产率等指标来对其进行衡量。本章参考宣烨和余永泽（2014）的研究思路，采用 DEA 方法测度了制造业效率。其中，投入指标主要选取了制造业全社会固定资产投资和制造业从业人员，产出指标主要选取了制造业总产值，该数据是由制造业细分行业产值加总得到。

（三）控制变量

（1）产业结构升级（$Structure$）。产业结构不仅是经济持续增长的重要动因，更是造成环境污染问题的主要诱因，随着产业结构的转型与升级，其对环境污染的影响逐步减小。关于产业结构升级指数的测算学术界尚未形成统一的界定范式，绝大多数学者遵循配第——克拉克产业结构演变规律，认为随着经济发展与居民水平的同步提升，产业结构开始发生显著变化，表现在第三产业的地位变得举足轻重，第一、第二产业的比重则不断下降。本章借鉴干春晖等（2011）的做法，采用第三产业产值与第二产业产值的比来表征产业结构升级。

（2）市场化水平（$Market$）。地区市场化水平越高，意味着地区经济活动越活跃，环境污染物排放也就越多。本章选取市场化指数来表征市场经济制度，考虑到中国没有市场化发展水平的直接统计数据，此处参考樊纲等（2011）年的思路，从政府与市场的关系、非国有经济的发展、产品市场的发育程度、要素市场的发育程度、市场中介组织发育和法律制度环境五个角度来综合衡量市场化的进展。考虑

到中国没有市场化水平的直接统计数据，本章直接采用樊纲等（2011）、王小鲁等（2017）计算出的各省份 2003—2014 年平均市场化指数，其余年份数据对其进行补齐。

（3）技术创新（*Tech*）。地区技术创新在影响产业转型升级中扮演者至关重要的角色，技术创新可以推进绿色环保科技的研发，在改造传统产业和发展新兴产业上具有显著推动作用，在一定程度上有助于缓解雾霾污染，因而本章选取专利申请授权量衡量地区创新能力。

（4）人力资本（*Labor*）。劳动要素作为知识和能力的主要载体，是社会经济活动的直接参与者，对雾霾污染也存在不可忽视的影响。参考岳书敬和刘朝明（2006）的思路，使用居民平均受教育年限和总人口数量的比值来表示，在计算居民平均受教育年限方面，将居民受教育程度划分为小学（*primary*）、初中（*junior*）、高中（*senior*）、大专及以上（*college*）四类教育，将各类教育的平均累计受教育年限设定为 6 年、9 年、12 年、16 年，其计算公式为

$$labor_{it} = (6 \times primary_{it} + 9 \times junior_{it} + 12 \times senior_{it} + 16 \times college_{it}) / population_{it}$$

$$(6-5)$$

（5）城市蔓延度（*Sprawl*）。城市蔓延是城市化进程的产物，改革开放以来城镇化的快速推进扩张了城市蔓延的趋势，给经济、社会和生态环境带来了一系列问题，城市蔓延度越高，雾霾污染就越严重（秦蒙等，2016）。有学者使用城市建成区面积增速和城市人口增速的比值（王家庭和张俊韬，2010），即借助土地—人口增长弹性来定量测度城市蔓延，但若城市面积或市区人口出现负增长，该指标变得难以适用，且增长率为负值时不能对其进行对数处理，在计算上存在诸多不便。本章参考苏红键和魏后凯（2013）等的思路，构造如下的城市蔓延度：

$$Sprawl_{it} = \delta density\_employment_{it} + \phi density\_population_{it}$$
$$= \delta employment_{it}/area_{it} + \phi population_{it}/area_{it}$$

$$(6-6)$$

式中：*Sprawl* 为城市蔓延；*density_employment* 为就业密度；*density_population* 为人口密度；*employment* 为非农产业从业人员总数；*population* 为非农人口总数；*area* 为建成区面积；δ、φ 为待定系数，此处

认为就业密度与人口密度同等重要，δ、ϕ 取 0.5。

（6）产出水平（$Pgdp$）。一般来讲，地区的产出水平与其经济发展规模具有高度正相关，其产出水平越高，则意味着消耗了越多的资源要素，从而产生的经济活动附属品（污染物排放）就越多，致使地区的生态环境质量有所下降。然而，产出水平往往也可以作为衡量地区经济发展和居民生活水平的基本标准。居民生活水平的提升，加强了对居住环境质量的要求，同时政府加大对环境治理的投资力度有助于改善区域的环境质量。通常环境库兹涅茨曲线（EKC）呈现倒"U"形，应该将人均收入的一次方项和二次方项一起纳入模型中，但相关学者（许广月和宋德勇，2010；周杰琦，2014）研究指出人均GDP 与其平方项存在高度相关性，容易引发多重共线性问题，加之中国正处在高速工业化和城镇化发展阶段，能源需求呈现明显的刚性特征，未必真正存在 EKC 曲线，并且李根生和韩民春（2015）通过实证得出雾霾污染的库兹涅茨曲线不存在。因此，本章仅将人均收入的一次方项纳入模型中，用人均 GDP 来衡量各地区的产出水平。

三　数据来源

本章使用的数据来源于历年《中国统计年鉴》、《中国人口和就业统计年鉴》、《中国城市统计年鉴》、《中国城市建设统计年鉴》、国研网对外贸易统计数据库以及美国航空航天局（NASA）公布的全球PM2.5 浓度图栅格数据。针对部分年份某些统计数据缺失问题，本章依照其呈现出的变化趋势进行平滑处理，在研究对象上选取除西藏和港、澳、台地区外的 30 个省份。

第三节　产业关联视角下生产性服务业与制造业协同集聚对雾霾污染的实证研究

一　基准回归结果分析

Arellano 和 Bover（1995）认为选择广义矩估计（GMM）方法来

处理动态面板模型更为有效。动态面板 GMM 的优势在于它可以借助差分或使用工具变量控制未观测到的时间和个体效应，同时还能够在一定程度上克服内生性问题。目前，GMM 主要包括差分广义矩估计（DIFF-GMM）和系统广义矩估计（SYS-GMM）。与差分广义矩估计相比，系统广义矩估计克服了差分广义矩估计的缺点（对小样本估计时可能存在弱工具变量），将 DIFF-GMM 和 SYS-GMM 纳入同一个系统内，保证了估计结果的有效性和一致性。因此，本章选取 SYS-GMM 方法来估计上述构建模型。在实证分析中 SYS-GMM 方法需要满足两个检验：一是对二阶序列相关检验，二是判断工具变量是否有效。Sargan 检验和 AR（2）检验的结果显示，当前选择的工具变量是有效的、不存在过度识别约束，且模型随机误差项不存在二阶自相关。

表 6-1 报告了生产性服务业与制造业协同集聚、制造业效率与雾霾污染的 SYS-GMM 结果。在考察期内，H_{it-1} 的弹性系数均为正，反映了雾霾污染具有动态累积效应，路径依赖明显，当期雾霾污染水平在很大程度上会受前期的影响。表 6-1 列（1）至列（6）未纳入控制变量，分别考察了生产性服务业与制造业协同集聚、制造业效率以及两者交互项对雾霾污染的直接影响，估计显示 $Coagglo$、$tfp-MA$、$Coagglo \cdot tfp-MA$ 的回归系数为负，并且达到 1% 的显著性水平，表明生产性服务业与制造业协同集聚水平和制造业效率的提升有助于缓解雾霾污染，同时生产性服务业与制造业协同集聚可以通过提升制造业效率来进一步降低雾霾污染。究其原因在于，随着经济全球化和国际分工的日益深入，生产性服务业与制造业之间的依赖程度逐步加深，产业内部的边界也越来越模糊，出现了融合发展的趋势。地区生产性服务业与制造业协同集聚水平越高，其内部知识和技术外溢效应的优势就越明显。生产性服务业贯穿企业生产的上游、中游和下游环节，是依附制造业并对其提供直接配套的服务业。制造业集聚有效带动了生产性服务业的发展，而生产性服务业集聚通过高技术和知识人才含量特点输出又反向提升制造业效率，在提升制造业价值链的同时削减了企业要素成本和交易成本，制造业生产效率和管理水平得到显著提

升，从而降低了单位产出的污染排放量。

表 6-1 列（7）至列（12）中，逐步纳入了产业结构升级（*Structure*）、市场化水平（*Market*）、产出水平（*Pgdp*）、技术创新（*Tech*）、人力资本（*Labor*）、城市蔓延度（*Sprawl*）6 个控制变量以进行估计，回归结果显示 *Coagglo*、*tfp-MA*、*Coagglo·tfp-MA* 的弹性系数依然为负，虽然加入控制变量会对 *Coagglo*、*tfp-MA*、*Coagglo·tfp-MA* 的回归系数产生影响，但系数符号并未随之改变，说明上述估计结果是稳健的。

表 6-1   基准回归结果

模型	（1）	（2）	（3）	（4）	（5）	（6）
	SYS-GMM	SYS-GMM	SYS-GMM	SYS-GMM	SYS-GMM	SYS-GMM
H_{it-1}	0.98*** (7345.88)	0.98*** (8348.71)	0.92*** (2029.19)	0.98*** (15000.00)	0.98*** (9679.18)	0.98*** (7769.73)
H_{it-2}			0.06*** (140.57)			
Coagglo	-0.00*** (-45.58)			-0.00*** (-56.44)	-0.00*** (-38.28)	-0.00*** (-95.41)
tfp-MA		-0.00*** (-21.79)		-0.00*** (-46.74)		-0.00*** (-4.42)
Coagglo·tfp-MA			-0.00 (-0.86)		-0.00*** (-24.04)	-0.00*** (-24.68)
Structure						
Market						
Pgdp						
Tech						
Labor						
Sprawl						
常数项	0.00*** (37.05)	0.00*** (100.23)	0.00*** (16.22)	0.00*** (58.79)	0.00*** (33.34)	0.00*** (77.46)
AR（2）检验	[0.90]	[0.97]	[0.67]	[0.90]	[0.90]	[0.90]
Sargan 检验	[1.00]	[1.00]	[1.00]	[1.00]	[1.00]	[1.00]
N	420	420	420	420	420	420

续表

模型	(7)	(8)	(9)	(10)	(11)	(12)
	SYS-GMM	SYS-GMM	SYS-GMM	SYS-GMM	SYS-GMM	SYS-GMM
因变量一阶滞后	1.03*** (1616.16)	1.03*** (1214.41)	1.01*** (1783.75)	1.00*** (1461.76)	1.01*** (943.34)	1.01*** (964.68)
Coagglo	-0.00*** (-33.31)	-0.00*** (-12.43)	-0.00*** (-11.48)	-0.00*** (-7.97)	-0.00*** (-10.16)	-0.00*** (-15.62)
tfp-MA	-0.00*** (-11.37)	-0.00*** (-4.32)	-0.00*** (-3.93)	-0.00*** (-2.61)	-0.00* (-1.65)	-0.00** (-2.47)
Coagglo·tfp-MA	-0.00*** (-14.44)	-0.00*** (-8.62)	-0.00*** (-5.23)	-0.00** (-2.39)	-0.00*** (-3.81)	-0.00*** (-6.47)
Structure	-0.00*** (-111.47)	-0.00*** (-85.58)	-0.00*** (-7.47)	-0.00*** (-5.01)	0.00** (2.15)	0.00 (0.92)
Market		0.00*** (31.66)	0.00*** (98.54)	0.00*** (49.03)	0.00*** (47.42)	0.00*** (50.24)
Pgdp			-0.00*** (-155.58)	-0.00*** (-68.67)	-0.00*** (-44.61)	-0.00*** (-24.99)
Tech				-0.00*** (-6.95)	-0.00*** (-5.85)	-0.00*** (-3.15)
Labor					0.00*** (13.88)	0.00*** (7.00)
Sprawl						-0.00*** (-11.27)
常数项	0.00*** (105.31)	0.00*** (80.69)	0.00*** (9.47)	0.00*** (5.29)	-0.00*** (-8.75)	-0.00*** (-5.59)
AR（2）检验	[0.85]	[0.87]	[0.92]	[0.95]	[0.97]	[0.96]
Sargan 检验	[1.00]	[1.00]	[1.00]	[1.00]	[1.00]	[1.00]
N	420	420	420	420	420	420

注：***、**、*分别表示在1%、5%和10%的水平下显著；（）内为 *T* 值；[ ] 内为 *p* 值；AR（2）检验表示 Arellano-Bond 的检验统计量，考察一次差分残差序列是否存在二阶自相关，其原假设为不存在自相关；Sargan 检验用来检验矩条件是否存在过度识别，其原假设为选择的工具变量是有效的。

　　在控制变量上，本章以纳入全部控制变量的列（12）回归结果进行解释。产业结构升级（*Structure*）对雾霾污染的影响为正但不显著，其原因为我国仍处于工业向服务业转型的过渡阶段，产业总体发展水平还不高，虽然产业结构的调整和优化有利于缓解雾霾污染，但产业结构调整具有长期性的特征，在短期内调整难度较大。市场化水平（*Market*）对雾霾污染具有显著的正向促进作用，其原因在于以市场化为取向的经济体制改革导致了工业集聚的爆炸式增长，并且长期大范围集聚产生的规模报酬递增和正反馈效应不断进行自我强化，成为中国经济增长的助推器，从而加剧了对环境的污染。产出水平（*Pgdp*）缓解了地区雾霾污染，表现在当经济发展处于高水平、收入满足某一临界值时进一步的收入增长将有助于缓解污染程度，进一步改善生态环境（马丽梅和张晓，2014），说明地方经济的发展可以促使居民生活质量的提升，与此同时居民对生态环境质量的诉求也有所提高。技术创新（*Tech*）有效缓解了雾霾污染，产生该现象的原因为技术创新释放出的技术溢出和知识溢出有助于区内技术流通，能够促进区内整体绿色技术效率的提升。人力资本（*Labor*）对雾霾污染的回归系数显著为正，说明当前人力资本水平加剧了地区雾霾污染，究其根源在于中国依然处于价值链低端，以劳动密集型为主的企业占有较大的市场份额，低端从业者大量集中导致清洁技术难以推广。城市蔓延（*Sprawl*）对雾霾污染存在显著抑制作用，其原因在于高密度的人口集聚使得能源利用逐步呈现集约化和高效化，在市场、经济、资源和就业等方面存在"盆地效应"，从而有助于降低环境的污染。

　　二　分时段回归结果分析

　　2010 年 10 月，党的十七届五中全会通过了《中共中央关于制定国民经济和社会发展第十二个五年规划的建议》决议，提出要"深化专业分工、加快服务产品和服务模式创新，促进生产性服务业与先进制造业融合"的指导性政策举措。本章将研究时期以 2010 年为界分为两个发展阶段，同时考虑到政策执行的滞后性，最终将研究样本划分为 2003—2010 年、2011—2016 年，探析将生产性服务业与先进制造业融合发展纳入国家经济发展规划前后生产性服务业与制造业协同集聚、制造业效率与雾霾污染的相互关系。

　　表 6-2 报告了生产性服务业与制造业协同集聚、制造业效率与雾

霾污染的分时段回归结果。对比两个时段的估计结果可以发现，生产性服务业与制造业协同集聚、制造业效率与雾霾污染的作用形态发生了重要变化。就生产性服务业与制造业协同集聚估计系数而言，在未纳入控制变量和纳入控制变量下，该系数在2003—2010年为正，均通过了1%的显著性检验，表明在生产性服务业与制造业协同集聚发展初期加剧了雾霾污染，究其原因在于在制造业集聚发展初期，大量原始资本汇聚导致产能急剧扩张，而生产性服务业发展则相对滞后、水平不高，企业之间的关联性相对较差，缺乏纵向与横向的联系，产生的知识或技术溢出效应较为有限，加之官员"晋升锦标赛"机制的存在，部分政府过分盲目崇拜GDP，陷入唯GDP论的怪圈，单位产出的能耗速度严重超过了资源再生速度和环境承载力的负荷。相反，生产性服务业与制造业协同集聚估计系数在2011—2016年为负，所有数值至少在1%的水平下显著，表明随着生产性服务业与制造业协同集聚水平的不断提升，生产性服务企业和制造企业联系变得越发紧密，双方的交易成本和搜索成本有所下降，产业协同集聚的规模效应大于挤出效应，将生产性服务业蕴含的高科技、高附加值、高人力资本与制造业进行融合，在提升制造业生产技术、管理水平与资源重新优化配置方面具有推波助澜的效果，显著地降低了单位产出的污染排放量。

表 6-2　　　　　　　　　　　分时段回归结果

模型	2003—2010 年		2011—2016 年	
	（1）	（2）	（3）	（4）
	SYS-GMM	SYS-GMM	SYS-GMM	SYS-GMM
H_{it-1}	1.04*** (2408.75)	1.03*** (149.27)	0.99*** (249.52)	0.92*** (45.97)
Coagglo	0.00*** (7.25)	0.00*** (3.30)	-0.00*** (-18.40)	-0.00*** (-8.82)
tfp-MA	-0.00*** (-12.31)	-0.00*** (-2.73)	-0.00*** (-11.92)	-0.00*** (-8.19)
Coagglo·tfp-MA	0.00*** (5.12)	0.00*** (3.15)	-0.00*** (-9.74)	-0.00*** (-5.72)

续表

模型	2003—2010 年		2011—2016 年	
	（1）	（2）	（3）	（4）
	SYS-GMM	SYS-GMM	SYS-GMM	SYS-GMM
Structure		-0.00*** （-6.69）		-0.00 （-0.73）
Market		0.00*** （8.92）		-0.00 （-1.48）
Pgdp		0.00*** （9.63）		0.00*** （16.22）
Tech		-0.00*** （-6.74）		0.00* （1.81）
Labor		0.00*** （6.85）		0.00*** （2.59）
Sprawl		-0.00*** （-26.62）		-0.00** （-2.51）
常数项	-0.00*** （-5.04）	-0.00** （-2.21）	0.00*** （33.91）	0.00** （2.56）
AR（2）检验	［0.17］	［0.18］	［0.96］	［0.92］
Sargan 检验	［1.00］	［1.00］	［0.96］	［0.99］
N	270	270	150	150

注：***、**、* 分别表示在 1%、5% 和 10% 的水平下显著；（）内为 *T* 值；［］内为 *p* 值；AR（2）检验表示 Arellano-Bond 的检验统计量，考察一次差分残差序列是否存在二阶自相关，其原假设为不存在自相关；Sargan 检验用来检验矩条件是否存在过度识别，其原假设为选择的工具变量是有效的。

就制造业效率估计系数而言，在未纳入控制变量和纳入控制变量时，制造业效率估计系数在 2003—2010 年显著为负，而该系数绝对值在 2011—2016 年有所增大，且均通过了 1% 的显著性检验，表明提升制造业效率有助于缓解雾霾污染，并且随着时间的推移该作用也变得越发显著。就生产性服务业与制造业协同集聚与制造业效率的交叉项而言，两个研究时段交叉项的估计系数符号相反，均通过 1% 的显著性检验，值得关注的是，该系数由正值变为负值，这表明生产性服

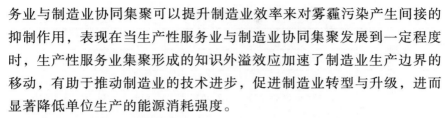

务业与制造业协同集聚可以提升制造业效率来对雾霾污染产生间接的抑制作用，表现在当生产性服务业与制造业协同集聚发展到一定程度时，生产性服务业集聚形成的知识外溢效应加速了制造业生产边界的移动，有助于推动制造业的技术进步，促进制造业转型与升级，进而显著降低单位生产的能源消耗强度。

三　分区域回归结果分析

由于我国地域辽阔、阶梯分布特点显著，各地区发展情况千差万别，致使经济发展阶段与产业结构布局也存在显著的地区差异。因此，本章将整个区域按照地理位置分为沿海地区和内陆地区，旨在揭示生产性服务业与制造业协同集聚、制造业效率对雾霾污染的影响。此处将解释纳入全部控制变量的回归模型，由表 6-3 的模型（3）、模型（6）估计结果可知，无论是沿海还是内陆地区，提升生产性服务业与制造业协同集聚水平均有助于缓解雾霾污染，同时生产性服务业与制造业协同集聚可以通过提升制造业效率来进一步抑制雾霾污染。值得一提的是，沿海地区的制造业效率估计系数为正，在 10% 的水平下显著，究其可能原因在于沿海地区经济发展模式已经形成固定的路径依赖，制造业起步早、基数大、相对集中，重工业、化工产业比重较高，提升制造业效率在一定程度上加剧企业生产规模的扩大，致使规模效应产生的负面作用大于制造业的技术溢出效率，从而加剧了地区的雾霾污染。内陆地区的制造业效率和产业协同集聚与制造业效率交互项估计系数为负，分别在 1%、10% 的水平下显著，究其可能原因在于内陆地区作为沿海劳动密集型和污染密集型产业的转移对象，承接了沿海经济带双高产业的转移，部分劳动密集型、资源密集型和环境污染型产业向内陆地区转移，致使内陆地区长期从事低技术、低附加值的工业生产。然而，随着生产性服务业与制造业协同集聚发展水平以及制造业效率的不断提升，"双轮驱动"产生的飞轮效应可以通过提升地区制造业效率加快知识溢出和技术溢出，从而进一步缓解地区雾霾污染。

表 6-3　　　　　　　　　　分地区回归结果

模型	(1) SYS-GMM	(2) SYS-GMM	(3) SYS-GMM	(4) SYS-GMM	(5) SYS-GMM	(6) SYS-GMM
H_{it-1}	0.98 *** (263.48)	0.98 *** (623.33)	1.07 *** (7.35)	0.86 *** (37.41)	0.86 *** (84.20)	0.64 *** (7.67)
Coagglo	-0.00 *** (-3.90)		-0.02 (-1.60)	0.00 *** (2.97)		-0.00 (-1.04)
tfp-MA		-0.00 *** (-3.38)	0.02 * (1.66)		-0.00 *** (-7.58)	-0.00 *** (-3.00)
Coagglo·tfp-MA			-0.01 (-1.53)			-0.00 * (-1.94)
Structure			0.05 * (1.69)			-0.00 *** (-3.13)
Market			-0.00 * (-1.76)			0.00 *** (5.18)
Pgdp			-0.00 (-1.00)			0.00 *** (2.93)
Tech			0.00 * (1.82)			-0.00 * (-1.70)
Labor			0.02 ** (1.96)			0.00 (1.55)
Sprawl			-0.00 * (-1.72)			0.00 (0.20)
常数项	0.00 *** (2.85)	0.00 *** (4.90)	-0.13 * (-1.70)	-0.00 (-1.42)	0.00 *** (10.56)	0.00 * (1.80)
AR (2) 检验	[0.94]	[0.99]	[0.50]	[0.19]	[0.14]	[0.33]
Sargan 检验	[1.00]	[1.00]	[1.00]	[1.00]	[1.00]	[1.00]
N	154	154	154	266	266	266

注：＊＊＊、＊＊、＊分别表示在1%、5%和10%的水平下显著；（）内为 T 值；[ ] 内为 p 值；AR（2）检验表示 Arellano-Bond 的检验统计量，考察一次差分残差序列是否存在二阶自相关，其原假设为不存在自相关；Sargan 检验用来检验矩条件是否存在过度识别，其原假设为选择的工具变量是有效的。

四　分行业回归结果分析

上文主要从生产性服务业整体角度出发，探究生产性服务业与制造业协同集聚、制造业效率对雾霾污染的影响，忽视了不同生产性服务业与制造业协同集聚对雾霾污染的影响。考虑到生产性服务业各个行业之间存在显著的差异特征，制造业与不同生产性服务业细分行业之间的配对协同集聚组合可能存在异质性的特点（陈国亮和陈建军，2012）。因此，在充分考虑数据易获取性的前提下，参照杨仁发（2013）的思路，将生产性服务业细分为"信息传输、计算机服务和软件业""金融业""房地产业""租赁和商业服务业""科学研究、技术服务和地质勘查业"，考察不同生产性服务业细分行业与制造业之间的配对组合情况，即制造业—信息传输、计算机服务及软件业（ $Magglo+Information$ ）、制造业—金融业（ $Magglo+Finance$ ）、制造业—房地产（ $Magglo+Real\ Esatate$ ）、制造业—租赁和商务服务业（ $Magglo+Business$ ）、制造业—科学研究、技术服务和地质勘查业（ $Magglo+Science$ ）。此处依然采用 SYS-GMM 估计模型依次对上述 5 个行业配对组合进行回归，与上文一致引入被解释变量的滞后项 H_{it-1} ，将其扩展为一个动态面板模型，在一定程度上克服模型内生性和遗漏变量问题对估计结果的影响。同时，用纳入生产性服务业与制造业协同集聚以及制造业效率的交叉项来考察不同生产性服务业细分行业与制造业协同集聚与制造业效率之间的交互影响，控制变量与上文保持一致。最终，可将其估计模型设定如下：

$$H_{it} = \alpha_0 + \alpha_1 H_{it-1} + \alpha_2 Coagglo(Magglo+Information)_{it} + \alpha_3 tfp-MA_{it} +$$

$$\alpha_4 Coagglo(Magglo+Information)_{it} \cdot tfp-MA_{it} + \sum_{j=5}^{10} \alpha_j control_{it}^j +$$

$$\nu_i + \eta_t + \varepsilon_{it} \tag{6-7}$$

$$H_{it} = \alpha_0 + \alpha_1 H_{it-1} + \alpha_2 Coagglo(Magglo+Finance)_{it} + \alpha_3 tfp-MA_{it} +$$

$$\alpha_4 Coagglo(Magglo+Finance)_{it} \cdot tfp-MA_{it} + \sum_{j=5}^{10} \alpha_j control_{it}^j + \nu_i +$$

$$\eta_t + \varepsilon_{it} \tag{6-8}$$

$$H_{it} = \alpha_0 + \alpha_1 H_{it-1} + \alpha_2 Coagglo(Magglo+Real\ Esatate)_{it} + \alpha_3 tfp-MA_{it} +$$

$$\alpha_4 Coagglo(Magglo+Real\ Esatate)_{it} \cdot tfp-MA_{it} + \sum_{j=5}^{10} \alpha_j control_{it}^j +$$

$$\nu_i + \eta_t + \varepsilon_{it} \tag{6-9}$$

$$H_{it} = \alpha_0 + \alpha_1 H_{it-1} + \alpha_2 Coagglo(Magglo+Business)_{it} + \alpha_3 tfp\text{-}MA_{it} +$$

$$\alpha_4 Coagglo(Magglo+Business)_{it} \cdot tfp\text{-}MA_{it} + \sum_{j=5}^{10} \alpha_j control_{it}^j + \nu_i +$$

$$\eta_t + \varepsilon_{it} \tag{6-10}$$

$$H_{it} = \alpha_0 + \alpha_1 H_{it-1} + \alpha_2 Coagglo(Magglo+Science)_{it} + \alpha_3 tfp\text{-}MA_{it} +$$

$$\alpha_4 Coagglo(Magglo+Science)_{it} \cdot tfp\text{-}MA_{it} + \sum_{j=5}^{10} \alpha_j control_{it}^j + \nu_i +$$

$$\eta_t + \varepsilon_{it} \tag{6-11}$$

表 6-4 至表 6-8 依次报告了上述 5 个不同生产性服务业细分行业与制造业协同集聚的配对组合、制造业效率以及两者交互项对雾霾污染的估计结果。

表 6-4 的研究结果显示，信息传输、计算机服务及软件业与制造业协同集聚 [$Coagglo(Magglo+Information)$] 对雾霾污染的估计系数通过 1% 的显著性检验，在一定程度上抑制了雾霾污染。产生该现象可能的原因在于，近年来我国开始实施新型工业化道路的重要战略，推动信息化与工业化融合发展，使得制造业与信息传输、计算机服务及软件业的产业关联效应较为紧密，制造业与信息传输、计算机服务及软件业的协同发展有助于企业利用信息技术创新来减少对传统能源的路径依赖，提高能源的使用效率，减少雾霾污染物的排放。

表 6-4　信息传输、计算机服务及软件业与制造业协同集聚以及
制造业效率对雾霾污染的回归结果

模型	(1)	(2)	(3)
	SYS-GMM	SYS-GMM	SYS-GMM
H_{it-1}	1.01*** (135.06)	1.03*** (221.29)	0.84*** (190.57)
$Coagglo(Magglo+Information)$	-0.00 (-1.46)		-0.00*** (-5.59)
$tfp\text{-}MA$		-0.00 (-0.86)	-0.00 (-0.23)
$Coagglo(Magglo+Information) \cdot tfp\text{-}MA$			-0.00*** (-3.91)

续表

模型	(1)	(2)	(3)
	SYS-GMM	SYS-GMM	SYS-GMM
Structure	0.00 (1.53)	-0.00*** (-4.85)	-0.00*** (-8.36)
Market	0.00*** (5.17)	0.00*** (13.58)	0.00*** (19.65)
Pgdp	-0.00 (-1.43)	-0.00*** (-5.90)	-0.00*** (-6.36)
Tech	-0.00** (-2.03)	0.00*** (4.28)	-0.00* (-1.79)
Labor	0.00*** (5.45)	0.00*** (11.68)	0.00** (2.13)
Sprawl	-0.00*** (-4.47)	-0.00*** (-9.84)	-0.00*** (-21.58)
常数项	-0.00*** (-2.61)	0.00 (1.33)	0.00*** (13.45)
AR(2)检验	[0.98]	[0.96]	[0.49]
Sargan检验	[1.00]	[1.00]	[1.00]
N	420	420	420

注：***、**、*分别表示在1%、5%和10%的水平下显著；()内为T值；[]内为p值；AR(2)检验表示Arellano-Bond的检验统计量，考察一次差分残差序列是否存在二阶自相关，其原假设为不存在自相关；Sargan检验用来检验矩条件是否存在过度识别，其原假设为选择的工具变量是有效的。

表6-5   **金融业与制造业协同集聚以及制造业效率**

对雾霾污染的回归结果

模型	(1)	(2)	(3)
	SYS-GMM	SYS-GMM	SYS-GMM
H_{it-1}	1.02*** (172.26)	1.03*** (221.29)	0.84*** (12.78)
Coagglo（*Magglo+Finance*）	-0.00*** (-5.90)		-0.00 (-1.60)
tfp-MA		-0.00 (-0.86)	0.00 (1.59)

续表

模型	(1)	(2)	(3)
	SYS-GMM	SYS-GMM	SYS-GMM
$Coagglo$（$Magglo+Finance$）$\cdot tfp-MA$			-0.00* (-1.94)
$Structure$	-0.00** (-2.13)	-0.00*** (-4.85)	-0.00*** (-11.98)
$Market$	0.00*** (2.99)	0.00*** (13.58)	0.00*** (14.82)
$Pgdp$	0.00 (0.13)	-0.00*** (-5.90)	-0.00*** (-4.02)
$Tech$	-0.00*** (-4.61)	0.00*** (4.28)	-0.00*** (-5.06)
$Labor$	0.00*** (2.84)	0.00*** (11.68)	0.00 (1.27)
$Sprawl$	-0.00*** (-15.13)	-0.00*** (-9.84)	-0.00*** (-27.10)
常数项	-0.00 (1.03)	0.00 (1.33)	-0.00 (-0.56)
AR（2）检验	[0.90]	[0.96]	[0.99]
Sargan 检验	[1.00]	[1.00]	[0.92]
N	420	420	420

注：***、**、* 分别表示在1%、5%和10%的水平下显著；（）内为 T 值；[ ] 内为 p 值；AR（2）检验表示 Arellano-Bond 的检验统计量，考察一次差分残差序列是否存在二阶自相关，其原假设为不存在自相关；Sargan 检验用来检验矩条件是否存在过度识别，其原假设为选择的工具变量是有效的。

表6-5 的研究结果显示，金融业与制造业协同集聚 [$Coagglo$（$Magglo+Finance$）] 对雾霾污染的估计系数未通过10%的显著性检验，对雾霾污染的抑制作用较小。产生该现象可能的原因在于，我国主要于2016年才出台支持制造业与互联网融合发展的相关政策，制造业与互联网融合模式雏形显现，还处于发展早期状态，致使金融业与先进制造业需求不能高度匹配，加之融资需求模式的差异性、企业融资结构和体系的局限性、互联网对实体店的巨大冲击的限制，当前水平

下两者的协同集聚对雾霾污染的抑制作用并不显著。

表6-6的研究结果显示，房地产业与制造业协同集聚[$Coagglo$ ($Magglo+Real\ Esatate$)]对雾霾污染的估计系数未通过10%的显著性检验，对雾霾污染的抑制作用较小。产生该现象可能的原因在于，房地产业是以土地和建筑物为主要经营对象，具有生产性服务业与消费性服务业的双重属性，制造业可以与房地产开发、建设、经营、管理以及维修、装饰和服务等多种经济活动良好地结合在一起，有助于提高资源的使用效率，但由于房地产业规模大、遍布广，目前难以形成规模化、集约化经营与管理效应，致使其对雾霾污染的抑制作用还不显著。

表6-6　　　房地产业与制造业协同集聚以及制造业效率对雾霾污染的回归结果

模型	(1) SYS-GMM	(2) SYS-GMM	(3) SYS-GMM
H_{it-1}	1.01*** (80.80)	1.03*** (221.29)	1.02*** (61.08)
$Coagglo$ ($Magglo+Real\ Esatate$)	-0.00** (-2.35)		-0.00 (-0.29)
$tfp-MA$		-0.00 (-0.86)	-0.00 (-0.55)
$Coagglo$ ($Magglo+Real\ Esatate$) · $tfp-MA$			-0.00 (-0.52)
$Structure$	-0.00*** (-3.45)	-0.00*** (-4.85)	-0.00*** (-10.81)
$Market$	0.00*** (4.24)	0.00*** (13.58)	0.00*** (9.40)
$Pgdp$	-0.00*** (-4.85)	-0.00*** (-5.90)	-0.00*** (-3.98)
$Tech$	-0.00** (-2.13)	0.00*** (4.28)	-0.00*** (-2.66)
$Labor$	0.00 (1.04)	0.00*** (11.68)	0.00 (1.26)

续表

模型	(1) SYS-GMM	(2) SYS-GMM	(3) SYS-GMM
Sprawl	-0.00*** (-6.24)	-0.00*** (-9.84)	-0.00*** (-15.79)
常数项	0.00*** (3.37)	0.00 (1.33)	0.00 (0.43)
AR（2）检验	[0.94]	[0.96]	[0.98]
Sargan 检验	[1.00]	[1.00]	[0.59]
N	420	420	420

注：***、**、*分别表示在1%、5%和10%的水平下显著；（）内为 *T* 值；［］内为 *p* 值；AR（2）检验表示 Arellano-Bond 的检验统计量，考察一次差分残差序列是否存在二阶自相关，其原假设为不存在自相关；Sargan 检验用来检验矩条件是否存在过度识别，其原假设为选择的工具变量是有效的。

表6-7 的研究结果显示，租赁和商务服务业与制造业协同集聚 [*Coagglo* (*Magglo+Business*)] 对雾霾污染的估计系数至少在10%水平下显著，在一定程度上抑制了雾霾污染。产生该现象可能的原因在于，租赁和商务服务业涉及的具体行业较多，主要包括法律服务、租赁业、职业中介服务、企业管理服务、旅行社、咨询与调查、市场管理、知识产权服务、广告业、会展等其他商务服务，上述行业分布较广、基数较大，专业化程度较高，并且与制造业的关联程度相对较高，可以与制造业需求进行高度匹配，因此，当前水平下两者的协同集聚对雾霾污染的抑制作用较为显著。

表6-7 租赁和商务服务业与制造业协同集聚以及制造业效率
对雾霾污染的回归结果

模型	(1) SYS-GMM	(2) SYS-GMM	(3) SYS-GMM
H_{it-1}	1.00*** (1317.98)	1.03*** (221.29)	1.01*** (91.94)

模型	（1）	（2）	（3）
	SYS-GMM	SYS-GMM	SYS-GMM
Coagglo（*Magglo+Business*）	-0.00^{***} （-15.32）		-0.00^{*} （-1.68）
tfp-MA		-0.00 （-0.86）	-0.00 （-0.37）
Coagglo（*Magglo+Business*）·*tfp-MA*			-0.00 （-0.11）
Structure	-0.00 （-1.34）	-0.00^{***} （-4.85）	-0.00^{***} （-11.06）
Market	0.00^{***} （8.47）	0.00^{***} （13.58）	0.00^{***} （9.74）
Pgdp	-0.00 （-1.43）	-0.00^{***} （-5.90）	-0.00^{***} （-4.06）
Tech	-0.00^{***} （-3.44）	0.00^{***} （4.28）	-0.00^{**} （-2.23）
Labor	0.00^{***} （4.76）	0.00^{***} （11.68）	0.00 （0.13）
Sprawl	-0.00^{***} （-5.95）	-0.00^{***} （-9.84）	-0.00^{***} （-24.31）
常数项	0.00^{***} （2.92）	0.00 （1.33）	-0.00 （-1.36）
AR（2）检验	［0.91］	［0.96］	［0.36］
Sargan 检验	［1.00］	［1.00］	［0.99］
N	420	420	420

注：$***$、$**$、$*$分别表示在1%、5%和10%的水平下显著；（）内为 T 值；［］内为 p 值；AR（2）检验表示 Arellano-Bond 的检验统计量，考察一次差分残差序列是否存在二阶自相关，其原假设为不存在自相关；Sargan 检验用来检验矩条件是否存在过度识别，其原假设为选择的工具变量是有效的。

表6-8 的研究结果显示，科学研究、技术服务和地质勘查业与制造业协同集聚[*Coagglo*(*Magglo+Science*)]对雾霾污染的估计系数未通过10%的显著性检验，对雾霾污染的抑制作用较小。产生该现象可能

的原因在于，科学研究、技术服务和地质勘查业是以现代科技知识、现代技术和分析研究方法为基础，通过经验、信息等要素向社会输送智力服务的新兴产业，是现代服务业的重要组成部分，也是推动地区产业结构升级的核心动力，囊括了技术市场、科学研究、科技培训、专业技术服务、技术咨询、科技信息交流、科技评估、技术孵化、技术推广、知识产权服务、科技鉴证等活动，上述产业与制造业的关联最为紧密。随着科学研究、技术服务和地质勘查业与制造业协同集聚水平的提升，理论上科技成果可以转化应用到制造业实际生产中，提高资源的使用效率，但由于科技成果转化是一个较为漫长费力的过程，加之我国高校科技成果转化率及产业化程度普遍较低，远低于发达国家40%—60%的平均水平，致使其对雾霾污染的抑制作用还不显著。

表 6-8　科学研究、技术服务和地质勘查业与制造业协同集聚以及制造业效率对雾霾污染的回归结果

模型	(1) SYS-GMM	(2) SYS-GMM	(3) SYS-GMM
H_{it-1}	0.99*** (200.82)	1.03*** (221.29)	0.80*** (15.15)
Coagglo (Magglo+Science)	−0.00*** (−12.49)		−0.00 (−0.06)
tfp-MA		−0.00 (−0.86)	−0.00 (−0.37)
Coagglo (Magglo+Science)·tfp-MA			−0.00 (−0.80)
Structure	−0.00*** (−4.52)	−0.00*** (−4.85)	−0.00*** (−9.77)
Market	0.00*** (4.35)	0.00*** (13.58)	0.00*** (9.45)
Pgdp	−0.00*** (−6.14)	−0.00*** (−5.90)	−0.00*** (−3.99)

模型	(1)	(2)	(3)
	SYS-GMM	SYS-GMM	SYS-GMM
Tech	0.00 (1.03)	0.00*** (4.28)	-0.00** (-2.56)
Labor	-0.00 (-0.51)	0.00*** (11.68)	0.00 (0.71)
Sprawl	-0.00*** (-10.58)	-0.00*** (-9.84)	-0.00*** (-9.87)
常数项	0.00*** (9.42)	0.00 (1.33)	0.00 (0.87)
AR（2）检验	[0.73]	[0.96]	[0.72]
Sargan 检验	[1.00]	[1.00]	[1.00]
N	420	420	420

注：***、**、*分别表示在1%、5%和10%的水平下显著；（）内为 *T* 值；[ ] 内为 *p* 值；AR（2）检验表示 Arellano-Bond 的检验统计量，考察一次差分残差序列是否存在二阶自相关，其原假设为不存在自相关；Sargan 检验用来检验矩条件是否存在过度识别，其原假设为选择的工具变量是有效的。

另外，在不同服务业细分行业下，制造业效率对雾霾污染的估计系数为负但未通过10%的显著性检验，说明提升制造业效率能够缓解雾霾污染，但由于我国尚未突破技术瓶颈，未能打破同质化、多样性效率低下问题，因而对雾霾污染的抑制作用还不突出。就不同生产性服务业细分行业与制造业协同集聚和制造业效率交互项而言，C（$Magglo + Information$）· $tfp - MA$、C（$Magglo + Finance$）· $tfp - MA$、C（$Magglo + Real\ Esatate$）· $tfp - MA$、C（$Magglo + Business$）· $tfp - MA$、C（$Magglo + Science$）· $tfp - MA$ 对雾霾污染的估计系数符号均为负，且部分系数通过了10%的显著性检验，说明随着不同生产性服务业细分行业与制造业协同集聚共生性的逐步增强，生产性服务业与制造业上下游生产环节互联互通，实现资源的循环利用，生产性服务业技术溢出推动制造业企业生产和管理技术的提升，单位产出的污染排放量有所降低，能够显著缓解雾霾污染的扩散。

五 稳健性检验

生产性服务业与制造业协同集聚对雾霾污染的影响可能会因雾霾污染指标选取的不同而存在差异，本章借助替换雾霾污染衡量指标的方法来进行稳健性检验，采用单位面积内 PM10 来表征雾霾污染（H），借助系统 SYS-GMM 回归模型重新检验生产性服务业与制造业协同集聚、制造业效率以及两者交互项对雾霾污染的影响。如表 6-9 中的模型（1）至模型（12）所示，生产性服务业与制造业协同集聚、制造业效率以及两者交互项对雾霾污染的影响符号与前文基准估计结果（见表 6-1）基本一致，表明在研究样本期间，促进生产性服务业与制造业协同集聚、提升制造业效率确实可以在一定程度上缓解雾霾污染，再次验证了检验结果是稳健的。

表 6-9　　　　　　　　　　　　稳健性检验

模型	（1）SYS-GMM	（2）SYS-GMM	（3）SYS-GMM	（4）SYS-GMM	（5）SYS-GMM	（6）SYS-GMM
H_{it-1}	0.94*** (5526.02)	0.95*** (2164.55)	0.94*** (7181.47)	0.95*** (1262.39)	0.94*** (2279.77)	0.77*** (1046.65)
H_{it-2}						0.17*** (223.65)
Coagglo	−0.00*** (−75.59)			−0.00*** (−44.46)	−0.00*** (−68.49)	−0.00*** (−55.61)
tfp-MA		−0.00*** (−63.02)		−0.00*** (−64.25)		−0.00*** (−36.65)
Coagglo · tfp-MA			−0.00*** (−61.99)		−0.00*** (−146.71)	−0.00*** (−31.39)
Structure						
Market						
Pgdp						
Tech						
Labor						

续表

模型	（1）SYS-GMM	（2）SYS-GMM	（3）SYS-GMM	（4）SYS-GMM	（5）SYS-GMM	（6）SYS-GMM
Sprawl						
常数项	0.00***（116.17）	0.00***（37.00）	0.00***（41.25）	0.00***（39.88）	0.00***（101.60）	0.00***（77.28）
AR（2）检验	［0.84］	［0.84］	［0.85］	［0.82］	［0.82］	［0.55］
Sargan 检验	［1.00］	［1.00］	［1.00］	［1.00］	［1.00］	［1.00］
N	420	420	420	420	420	420

模型	（7）SYS-GMM	（8）SYS-GMM	（9）SYS-GMM	（10）SYS-GMM	（11）SYS-GMM	（12）SYS-GMM
H_{it-1}	0.92***（982.76）	0.91***（1075.90）	0.91***（1050.15）	0.89***（527.76）	0.90***（229.04）	0.89***（342.92）
Coagglo	−0.00***（−6.64）	−0.00***（−3.93）	−0.00***（−7.12）	−0.00***（−4.39）	−0.00***（−5.48）	−0.00***（−4.66）
tfp-MA	−0.00***（−73.12）	−0.00***（−40.98）	−0.00***（−28.91）	−0.00***（−19.81）	−0.00***（−17.03）	−0.00***（−16.48）
Coagglo · tfp-MA	−0.00***（−27.42）	−0.00***（−9.68）	−0.00***（−8.79）	−0.00***（−7.40）	−0.00***（−4.19）	−0.00***（−4.68）
Structure	0.00***（80.48）	0.00***（42.32）	0.00***（16.98）	0.00***（30.48）	0.00***（12.72）	0.00***（13.99）
Market		0.00***（68.20）	0.00***（86.78）	0.00***（82.72）	0.00***（35.38）	0.00***（47.85）
Pgdp			−0.00*（−1.70）	0.00***（3.04）	−0.00***（−3.03）	−0.00***（−2.69）
Tech				−0.00***（−9.61）	−0.00***（−4.03）	−0.00***（−6.76）
Labor					−0.00***（−8.16）	−0.00***（−8.43）
Sprawl						−0.00***（−4.21）
常数项	−0.00***（−49.13）	−0.00***（−31.03）	−0.00***（−16.53）	−0.00***（−38.98）	−0.00***（−3.68）	−0.00***（−3.40）
AR（2）检验	［0.86］	［0.91］	［0.91］	［0.93］	［0.90］	［0.90］

续表

模型	(7)	(8)	(9)	(10)	(11)	(12)
	SYS-GMM	SYS-GMM	SYS-GMM	SYS-GMM	SYS-GMM	SYS-GMM
Sargan 检验	[1.00]	[1.00]	[1.00]	[1.00]	[1.00]	[1.00]
N	420	420	420	420	420	420

注：***、**、* 分别表示在1%、5%和10%的水平下显著；（）内为 T 值；[ ] 内为 p 值；AR（2）检验表示 Arellano-Bond 的检验统计量，考察一次差分残差序列是否存在二阶自相关，其原假设为不存在自相关；Sargan 检验用来检验矩条件是否存在过度识别，其原假设为选择的工具变量是有效的。

第四节　本章小结

本章基于2003—2016年省际面板数据，采用 SYS-GMM 回归模型实证检验生产性服务业与制造业协同集聚、制造业效率与雾霾污染的内在联系。研究结论如下：①从全国层面来看，生产性服务业与制造业协同集聚、制造业效率及其两者的交互项对雾霾污染的估计系数均显著为负，表明生产性服务业与制造业协同集聚水平和制造业效率的提升有助于抑制雾霾污染，同时生产性服务业与制造业协同集聚可以通过提升制造业效率来进一步降低雾霾污染。②从分时段层面来看，制造业效率、生产性服务业与制造业协同集聚存在消化吸收的过程，在初期对抑制雾霾污染不显著，随着时间的推移抑制作用变得显著。③从区域层面来看，生产性服务业与制造业协同集聚、制造业效率以及两者的交互项对内陆地区雾霾污染的抑制作用大于沿海地区。④从行业层面来看，信息传输、计算机服务及软件业与制造业协同集聚对雾霾污染的抑制作用高于其他四个配对组合，但现阶段金融业、房地产业以及科学研究、技术服务和地质勘查业与制造业的协同集聚发展水平不高，对雾霾污染的抑制作用不显著。

本章的政策启示：一是目前中国制造业还大而不强，制造业的效率较低，需要大力实施《中国制造2025》发展战略，积极推动先进制造业发展，借助提升制造业效率来缓解严峻的雾霾污染。二是不能忽视产业之间的关联性，需要以"双轮驱动"发展战略为良好契机，推动生产性服务业与制造业协同集聚发展，扩大生产性服务业与制造业关联产业间的知识溢出效应，依靠制造业技术进步来提升制造业效率。三是应充分考虑区域异质性和行业异质性，对于不同地区而言，需要结合自身发展实际、因地制宜制定相应发展政策；对于不同生产性服务业细分行业而言，需要针对各细分服务行业与制造业协同集聚发展的特点制定差异化的政策举措。

第七章

空间关联视角下生产性服务业与制造业协同集聚对雾霾污染的影响研究

随着经济全球化和国际分工的日益深入，生产性服务业与制造业的协同互动已成为世界经济发展的重要趋势，也是中国打造高端制造业与现代服务业的必由之路。本章从空间关联视角出发，基于生产性服务业与制造业协同集聚的研究视角，将生产性服务业与制造业协同集聚、贸易开放与雾霾污染纳入同一框架，构建空间计量模型和面板门槛模型，实证检验生产性服务业与制造业协同集聚、贸易开放与雾霾污染的内在联系，并探究在不同的贸易开放门槛下，生产性服务业与制造业协同集聚对地区雾霾污染的异质性影响。

第一节　引言

中国作为投资拉动型经济增长的典型国家，自 1978 年推行市场化改革与对外开放并举的体制改革以来，不断以积极的姿态主动融入经济全球化的进程中，贸易开放释放的政策红利为地区投资提供了便利条件，在短期内极大地促进了中国的产业集聚。随着产业在特定空间范围内不断汇聚，通过集聚经济产生的规模效应和技术溢出效应极大地促进了地区经济增长，创造了令世界瞩目的"中国奇迹"。然而，在以粗放型经济为主导的增长模式下，空前开放的对外贸易以及产业大规模扩张带来经济高速增长的同时，使环境污染问题也变得越发严重。以欧美为典型的西方发达国家历经百年，分三个阶段出现和治理的大气污染问题，在中国近几十年内压缩性地爆炸式涌现，尤其是雾霾污染物集中在长三角、珠三角、京津冀地区上空肆意频发，而这些地区又偏偏是产业最密集、贸易开放相对较高的场所。

　　然而，随着经济发展的不断深入，处于转型期的中国经济开始出现阶段性的新特征，产业集聚并非单一产业在地理空间上不断汇聚，而是伴随着相关产业的协同集聚，尤为突出的是生产性服务业高度集聚的地区的制造业也较为发达。生产性服务业具备高成长性、高科技含量、高附加值、高人力资本等特点，贯穿制造业生产价值链的全部环节，在自身发展的同时通过产生竞争效应、学习效应、专业化效应以及规模经济效应等对制造业的产业升级、效率提高形成飞轮效应。近年来，我国政府相继出台了《关于加快制造业服务化的若干意见》《装备制造业调整和振兴规划》《中国制造 2025》，将推动生产性服务业与制造业互动协同发展上升至国家战略层面。新经济地理学认为，产业在特定空间范围内的集聚存在显著的规模经济特征和各种外溢效应，有利于企业集中生产、集中治污、集约经营以及对环境的集中消耗，因此，产业之间协同集聚可能具有环境正外部性，对环境资源的消耗产生抑制性。显然，产业协同集聚与环境污染的内在关系有待检验。基于此，本书提出了一个研究假设，即生产性服务业与制造业协同集聚是否改善了一国的雾霾污染。针对该问题，本书认为在当前空前开放的时代，不能仅仅局限于考虑生产性服务业与制造业协同集聚对雾霾污染的直接作用，还应考虑生产性服务业与制造业协同集聚对雾霾污染的影响是否依赖地区的贸易开放，不断提升的贸易开放和产业协同集聚水平是否有助于缓解中国雾霾污染。以上均是本书亟待回答和解决的问题。

　　综观国内外学术界研究成果，已有部分学者剖析了贸易开放、产业集聚与环境污染的相互关系，但研究维度基本为两两关系分析，即贸易开放与产业集聚相互关系、贸易开放对环境污染的影响以及产业集聚对环境污染的影响。在贸易开放与产业集聚相互关系方面，主要持有以下两种观点。一方面认为，贸易开放推动了产业集聚的形成。如 Fujita 和 Hu（2001）通过实证分析得出对外开放程度对中国制造业集聚存在十分显著的促进作用。冼国明和文东伟（2006）研究得出中国对外开放程度的加深能够显著优化产业布局和提升产业集聚水平。孙军（2009）认为扩大市场能够提升规模经济效应，促进产业集聚的形成，并通过实证分析指出增加出口开放度可以显著提升工业集聚水平。袁冬梅和魏后凯（2011）借助中国 1995—2009 年的省级面板数据，研究发现出口与外资流入要素能够显著促进产业区域集聚，其中外资流入与产业集聚、地区总产出增长具有高度正相关关系，而出口与产业集中度存在负向影响。另一方面认为，产业集聚吸引了外商直接投资（FDI），间接提升了贸易开放水平。如 Hilber 和 Voicu（2010）以罗马尼亚为研究对象，结果显示工业集聚和服务业集聚能够对 FDI 流入产生吸引作用。孙浦阳等（2012）以中国 288 个城市为例，研究指出城市服务业集聚能显著促进 FDI 的流入，而制造业集聚和外资集聚对 FDI 的吸收作用不显著。

在贸易开放对环境污染的影响方面，国内外学者已取得一定的进展，但研究结论具有较大的争议。一些学者认为贸易开放改善了环境污染，如于峰和齐建国（2007）对开放经济下的环境污染进行分解，研究发现自由贸易对经济结构的变化存在双重环境效应，但其总体环境效应是正向的。彭水军等（2013）以中国 251 个地级市为研究对象，结合动态面板模型和系统 GMM，实证发现贸易开放产生的结构效应在总体上能够改善环境污染，但其影响程度较为有限。McAusland 和 Millimet（2013）实证指出国内贸易和国际贸易产生的环境效应截然不同，国际贸易对环境污染存在积极作用，而国内贸易对环境污染存在负面作用。代丽华等（2015）运用系统 GMM 实证分析了贸易开放与环境污染的相互关系，并指出提高贸易开放可以降低中国环境污染，且贸易开放对降低中西部地区环境污染的作用更为显著。当然，也有学者认为贸易开放加剧了环境污染，如 Baek 等（2009）以 50 个国家的 SO_2 排放量数据为例，实证发现虽然自由贸易可以改善发达国家的大气质量，但对发展中国家的大气质量存在消极影响。李锴和齐绍洲（2011）基于不同的模型设定和工具变量，从多个维度剖析了中国贸易开放与 CO_2 排放的相互关系，指出加大贸易开放对中国环境影响存在负面效应。

在产业集聚对环境污染的影响方面，学术界的研究结论还未达成共识，部分学者认为产业集聚使环境质量恶化，如 Virkanen（1998）和 Ottaviano 等（2002）均指出在技术瓶颈难以突破的情形下，产业的过度集聚不但不能改善环境质量，还会恶化环境质量，增加环境治理成本。Ren 等（2003）以上海市为例，研究指出产业集聚加剧了土地资源的开发，对水体质量产生了一定的污染。相反，部分学者则认为产业集聚改善了环境质量，如 Zeng 和 Zhao（2009）研究发现制造业集聚在一定程度上可以降低"污染天堂"效应。另外，也有部分学者认为产业集聚对环境污染的影响存在一定的门槛，如齐亚伟（2015）、原毅军和谢荣辉（2015）研究发现产业集聚水平高于门槛临界值时，产业集聚对环境污染存在积极作用；而产业集聚水平低于门槛临界值时，产业集聚对环境污染具有消极作用。

综上所述，既有研究尚存在以下不足：一是以往研究产业集聚大多集中在工业集聚、制造业集聚、服务业集聚，对生产性服务业与制造业协同集聚的研究还不多见。二是部分学者剖析了贸易开放、产业集聚与环境污染的相互关系，但研究维度基本为两两关系分析，鲜有将三者纳入同一框架下，涉及生产性服务业与制造业协同集聚和雾霾污染的研究更是微乎其微。三是在测算贸易开放时，绝大多数学者未对进出口贸易与加工贸易进行区分，缺乏考察不同贸易方式对产业集聚和环境污染的异质性影响。四是以往研究未考虑到贸易开放与产业集聚之间的联动性，忽视了贸易开放与产业集聚对环境污染的作用因两者发展的不匹配而存在门槛效应。基于此，本书弥补以上不足，基于生产性服务业与制造业协同集聚的研究视角，构建空间计量模型和面板门槛模型，实证考察生产性服务业与制造业协同集聚、贸易开放与雾霾污染的内在联系，并提出相应的可行性建议。

基于对前文理论机制的剖析，本章据此提出假设 7-1、假设 7-2

和假设 7-3，并对其进行进一步的验证。

假设 7-1：生产性服务业与制造业协同集聚和贸易开放是影响我国雾霾污染的重要机制，对改善雾霾污染具有显著的促进作用。

假设 7-2：贸易开放带来的规模集聚和知识溢出效应能够提升生产性服务业与制造业协同集聚水平，从而进一步缓解雾霾污染。

假设 7-3：贸易开放与生产性服务业与制造业协同集聚对雾霾污染的作用可能因两者发展的不匹配而存在门槛效应。

第二节 研究设计

一 模型建立

由集聚经济理论可知，特定空间上的集聚伴随经济增长产生，空间集聚程度对国家或地区经济发展存在潜移默化的影响，与集聚规模相比，集聚密度则更能准确凸显地区的集聚程度。社会生产作为对环境影响最大和最直接的经济活动，在投入生产要素的同时也会引起附属产品（污染排放物）的增加。因此，本章在生产密度模型基础上将产业集聚的负外部性环境污染纳入这一理论模型，将环境投入视为一种生产要素，将雾霾污染排放物视为一种产出，基于生产密度函数来构建产业集聚影响环境质量的模型。本章借鉴国外学者 Ushifusa 和 Tomohara（2013）构建的生产密度模型为

$$H_{it}=f(L,\ K,\ M,\ S)=\frac{M_{it}}{S_{it}}=\varPhi_{it}\left[\left(\frac{K_{it}}{S_{it}}\right)^{\eta}\left(\frac{L_{it}}{S_{it}}\right)^{1-\eta}\right]^{\mu}\left(\frac{M_{it}}{S_{it}}\right)^{(\gamma-1)/\gamma} \quad (7-1)$$

式中：i 为地区；t 为年份；L_{it} 为劳动要素；K_{it} 为资本要素；S_{it} 为总面积；M_{it} 为雾霾总量；M_{it}/S_{it} 为第 i 个地区单位面积的雾霾浓度；L_{it}/S_{it} 为单位面积就业密度；K_{it}/S_{it} 为单位面积资本投入；$\varPhi_{it}$ 为希克斯技术中性参数；μ、$\eta \in (0,\ 1]$，其中 μ 为劳动要素和资本要素的单位面积收入份额，η 为劳动要素的单位面积收入份额；γ 为密度的产出弹性，若 $\gamma>1$，则表示集聚具有正向外部性。

这里，将 $\varPhi_{it}$ 看作希克斯中性（Hicks-neutral）能耗技术进步的

效率函数，可以促使整个函数的外向（内向）移动，用来刻画函数的规模报酬递增（递减），相关研究指出，影响技术进步效率函数的主要因素为货币外部性和技术外部性（Combes，2011；章韬，2013）。因此，作为一个扩展，本章将货币外部性（贸易开放）与技术外部性（生产性服务业与制造业协同集聚）纳入技术进步的效率函数中，并借鉴毛其淋和盛斌（2012）的做法，假定式（7-1）中 Φ_{it} 看作贸易开放（$Open$）与生产性服务业与制造业协同集聚（$Coagglo$）的函数，即

$$\Phi_{it} = G(Coagglo_{it}, Open_{it}) = \Phi_{i_0} e^{\theta_{it}} Coagglo_{it}^{\alpha_i} Open_{it}^{\beta_i} \tag{7-2}$$

式中：Φ_{i_0} 为 i 地区原始的技术水平；θ_{it} 为外生的技术变迁；α_i、β_i 分别为产业协同集聚、贸易开放对技术水平的弹性系数。将式（7-2）代入式（7-1），即可得到新的生产密度模型：

$$H_{it} = \frac{M_{it}}{S_{it}} = \Phi_{i_0} e^{\theta_{it}} Coagglo_{it}^{\alpha_i} Open_{it}^{\beta_i} \left[\left(\frac{K_{it}}{S_{it}}\right)^{\eta} \left(\frac{L_{it}}{S_{it}}\right)^{1-\eta} \right]^{\mu} \left(\frac{M_{it}}{S_{it}}\right)^{(\gamma-1)/\gamma} \tag{7-3}$$

对式（7-3）做移项处理可得

$$\left(\frac{M_{it}}{S_{it}}\right)^{1/\gamma} = \Phi_{i_0} e^{\theta_{it}} Coagglo_{it}^{\alpha_i} Open_{it}^{\beta_i} \left[\left(\frac{K_{it}}{S_{it}}\right)^{\eta} \left(\frac{L_{it}}{S_{it}}\right)^{1-\eta} \right]^{\mu} \tag{7-4}$$

对式（7-4）右边提取公共项可得

$$\left(\frac{M_{it}}{S_{it}}\right)^{1/\gamma} = \Phi_{i_0} e^{\theta_{it}} Coagglo_{it}^{\alpha_i} Open_{it}^{\beta_i} \left[K_{it}^{\eta} L_{it}^{1-\eta} \right]^{\mu} \left(\frac{1}{S_{it}}\right)^{\mu} \tag{7-5}$$

对式（7-5）右边做简单变换可得

$$\left(\frac{M_{it}}{S_{it}}\right)^{1/\gamma} = \Phi_{i_0} e^{\theta_{it}} Coagglo_{it}^{\alpha_i} Open_{it}^{\beta_i} \left[\left(\frac{K_{it}}{L_{it}}\right)^{\eta} \right]^{\mu} \left(\frac{L_{it}}{S_{it}}\right)^{\mu} \tag{7-6}$$

对式（7-6）两边取对数并整理可得

$$\ln \frac{M_{it}}{S_{it}} = \gamma \ln \Phi_{i_0} + \gamma \theta_{it} + \gamma \alpha_i \ln Coagglo_{it} + \gamma \beta_i \ln Open_{it} + \eta \mu \gamma \ln \frac{K_{it}}{L_{it}} + \mu \gamma \ln \frac{L_{it}}{S_{it}} \tag{7-7}$$

值得关注的是，环境污染存在难以避免的空间自相关性和空间溢出效应，具体表现在一个地区的环境质量在受到自身经济发展影响的同时，往往还可能受到周边地区环境质量的影响。OLS 回归模型假定

样本之间是相互孤立的，忽略了样本的空间误差与依赖性，而空间计量模型将地理位置与空间联系有机结合，解决了因忽略样本空间相关性和空间异质性而造成的误差。目前，应用较广的空间计量模型主要包括空间滞后模型（Spatial Lag Model，SEM）和空间误差模型（Spatial Autoregressive Model，SAR），前者主要考虑了空间依赖性问题，后者主要考虑了空间误差项问题。因此，本章在式（7-7）的基础上纳入雾霾污染的空间滞后项，设定如下形式的空间计量模型：

$$\ln H_{it}=\rho\sum_{j=1}^{N}w_{ij}\ln H_{it}+\varphi_1\ln Coagglo_{it}+\varphi_2\ln Open_{it}+\varphi_3\sum_i\sigma_i\ln X_{it}+\phi_i+\nu_t+\varepsilon_{it}$$

$$\varepsilon_{it}=\lambda\sum_{j=1}^{N}w_{ij}\varepsilon_{it}+b_{it} \qquad(7-8)$$

式中：H 为雾霾污染；$Coagglo$ 为生产性服务业与制造业协同集聚水平；$Open$ 为贸易开放；i 为观测样本；t 为观测年度；X 为控制变量；ϕ_i、ν_t、ε_{it} 分别为地区效应、时间效应和随机扰动项；ρ 为空间滞后系数；λ 为空间误差系数；w_{ij} 为空间权重。

考虑到产业在空间上的集聚过程受到集聚效应和拥塞效应的双重推动，生产性服务业与制造业协同集聚与雾霾污染的关系将呈现二次函数，本章通过引入生产性服务业与制造业协同集聚的二次项来检验集聚效应和拥塞效应对生产性服务业与制造业协同集聚和雾霾污染的作用程度，若二次项符号为负，则表示拥塞效应起关键作用；反之则表示集聚效应起关键作用。同时，纳入了生产性服务业与制造业协同集聚与贸易开放的交叉项 $\ln Coagglo_{it}\times\ln Open_{it}$，进一步控制贸易开放与生产性服务业与制造业协同集聚发展的交互性影响，在式（7-8）的基础上将最终的计量模型设定为

$$\ln H_{it}=\rho\sum_{j=1}^{N}w_{ij}\ln H_{it}+\varphi_1\ln Coagglo_{it}+\varphi_2\ln Open_{it}+\varphi_3(\ln Coagglo_{it})^2+$$

$$\varphi_4\ln Coagglo_{it}\times\ln Open_{it}+\varphi_5\sum_i\sigma_i\ln X_{it}+\phi_i+\nu_t+\varepsilon_{it}$$

$$\varepsilon_{it}=a\sum_{j=1}^{N}w_{ij}\varepsilon_{it}+b_{it} \qquad(7-9)$$

目前，空间权重矩阵 w 主要分为地理邻接型 w_1、地理距离型 w_2 和经济距离型 w_3 三种度量方式，其中地理邻接型又称 0-1 型矩阵，在空

间计量中较为常见，也最为简单，若样本之间相互连接，则设定权重为1；否则为0。地理距离型 w_2 的计算方式为 $w_{ij} = (1/d_{ij})/\sum_{j}^{n} = 1(1/d_{ij})$，$d_{ij}$ 表示 i、j 地区的球面距离。经济距离型 w_3 运用较多的是张学良（2012）提出的方法，计算方式为 $w_{ij} = (1/|\overline{pgdp_i}-\overline{pgdp_j}|)/\sum_{j=1}^{n}(1/|\overline{pgdp_i}-\overline{pgdp_j}|)$，其中 $\overline{pgdp_i}$ 为 i 地区观测时间内的人均 GDP 均值。值得关注的是，地区产业创新对生产性服务业与制造业协同集聚的影响极其重要，产业创新在生产性服务业与制造业协同集聚影响雾霾污染中扮演着至关重要的角色，因而此处借鉴蔡敬梅（2013）的做法，从产业创新能力角度构建经济权重矩阵，选取专利申请授权量衡量地区创新能力，设定经济权重 w_3 为 $w_{ij} = (1/|\overline{ppat_i}-\overline{ppat_j}|)/\sum_{j=1}^{n}(1/|\overline{ppat_i}-\overline{ppat_j}|)$，其中 $\overline{ppat_i}$ 为 i 地区观测时间内专利申请授权量均值。

考虑到仅用地理距离型 w_2 或经济距离型 w_3 来设定空间权重矩阵会存在一定的不足，本章参考邵帅等（2016）的思路，设定地理经济距离空间权重矩阵 w_4，该权重在纳入地理距离空间影响的同时也反映了经济要素的辐射效应，考虑到专利实施往往存在一定的滞后性，因而在设定创新权重矩阵时选取滞后一期的专利申请授权量。

二　变量说明

（一）被解释变量

雾霾污染（H）。雾霾是燃煤排放的烟尘、工业生产排放的废气、交通工具排放的尾气以及道路路面的扬尘等因素引起空气中有害、可吸入颗粒物浓度上升的大气污染现象，其主要成分是 PM2.5 和 PM10，与 PM10 相比，PM2.5 具有小颗粒、活性强、输送距离远、分布广、空气滞留时间长、易携带有毒物质等特性，对居民生活和大气环境的危害程度远大于 PM10，因此本章采用 PM2.5 来反映雾霾污染程度。考虑到 PM2.5 数据的不完善，对 PM2.5 的统计数据只限于各个省会城市和重点城市，加之省会城市又是全省的经济活动重心，各省份 PM2.5 统计数据用省会城市的数据替代。

（二）核心解释变量

（1）贸易开放（$Open$）。现有研究倾向选取外贸依存度，即进出口贸易总额占 GDP 的比重（*FTR*）作为衡量贸易开放的标准，忽视了进出口贸易与加工贸易之间的内在关系[①]。相关研究表明，中国出口企业的生产率可能比非出口企业更低[②]，其原因在于中国加工贸易额在进出口贸易总额中所占权重较大，加工贸易仅是对原材料进行低端加工后再出口的贸易方式，存在"两头在外"、"大进大出"、低增值率的特征，夸大了中国进出口贸易总额，最终造成实际计量结果存在一定的偏差。为了区分包含加工贸易与不包含加工贸易情况下贸易开放对产业协同集聚、雾霾污染的异质性，本章尝试对贸易量进行修正处理，即用进出口贸易总额减去加工贸易额的差值占 GDP 的比重（*Open*）作为地区的贸易开放，具体计算公式为

$$\underset{\text{贸易开放修正前}}{FTR} = (\underset{\text{进口贸易额}}{Import} + \underset{\text{出口贸易额}}{Export})/GDP \tag{7-10}$$

（进出口总额 *FT*）

$$\underset{\text{贸易开放修正后}}{Open} = \left[(\underset{\text{进口贸易额}}{Import} + \underset{\text{出口贸易额}}{Export}) - (\underset{\text{进料加工}}{PT_1} + \underset{\text{来料加工}}{PT_2} + \underset{\text{装配业务}}{PT_3} + \underset{\text{协助生产}}{PT_4})\right]/GDP$$

（进出口总额 *FT*；*PT* 加工贸易）

$$\tag{7-11}$$

式中：*FT* 为进出口贸易总额；*PT* 为加工贸易额；*FTR* 为未修正的贸易开放；*Open* 为修正后的贸易开放。

（2）生产性服务业与制造业协同集聚指数（*Coagglo*）。产业集聚的测度方法有很多，如行业集中度、*H* 指数、空间基尼系数、E-G 指数、区位熵、熵指数等。考虑到数据的易获取性以及计算复杂程度，本章采用区位熵衡量地区的生产性服务业集聚（*Psagglo*）和制造业集聚（*Magglo*）指数，其中 e_{ij} 为 i 地区在 j 产业上的就业人口。

---

① 加工贸易额通常由进料加工、来料加工、装配业务和协作生产四个环节构成。

② Lu 等（2010）研究指出，在中国无论是在劳动密集型行业还是资本密集型行业中，出口企业的劳动生产率均低于非出口企业，通常将在某些行业和所有制中出口企业生产率比非出口企业低的现象称为"出口企业生产率之谜"。

$$Agglo_{ij} = \left(\frac{e_{ij}}{\sum_i e_{ij}}\right) \Big/ \left(\frac{\sum_j e_{ij}}{\sum_i \sum_j e_{ij}}\right) \tag{7-12}$$

关于生产性服务业的界定，本章参照宣烨（2012）和于斌斌（2015）的思路，将"信息传输、计算机服务及软件业""金融业""房地产业""租赁和商业服务业""科学研究、技术服务和地质勘查业"合并为生产性服务业。目前，学术界在测度生产性服务业与制造业协同集聚指数方面还没有统一的计算方法，本章借鉴陈国亮和陈建军（2012）与杨仁发（2013）的做法，通过产业集聚的相对差异来衡量生产性服务业与制造业产业之间的协同集聚水平，具体计算公式为

$$Coagglo_{it} = \begin{cases} 1 - \dfrac{|Magglo_{it} - Psagglo_{it}|}{Magglo_{it} + Psagglo_{it}} & (Magglo_{it} + Psagglo_{it} \geqslant 1) \\ \text{不考虑} & (Magglo_{it} + Psagglo_{it} < 1) \end{cases} \tag{7-13}$$

式中：$Psagglo$、$Magglo$ 依次为地区生产性服务业、制造业的区位熵值。$Coagglo$ 数值越大，表明生产性服务业与制造业的协同集聚水平越高。

（三）控制变量

（1）劳均物质资本（$Capital$）。大规模的资本投入对经济增长有着重要推动作用，也是雾霾污染的主要诱因。参考齐亚伟（2015）的做法，采用物质资本存量与从业人员数量的比值来衡量。资本投入主要是指经济系统运行中使用的资本要素，由于难以获取资本使用流量的数据，在资本存量的计算上以张军等（2004）计算出来的 1995 年中国各省市资本存量为基期，根据惯例令折旧率，运用永续盘存法将其核算成资本存量，借助资本存量来衡量资本的投入，通过上期资本存量 $K_{i,t-1}$、当期固定资产投资 $I_{i,t}$ 和折旧率 π（9.6%）计算获取，具体计算公式为

$$K_{i,t} = I_{i,t} + (1 - \pi) K_{i,t-1} \tag{7-14}$$

（2）劳动投入密度（$Labor$）。劳动要素作为知识和能力的主要载体，是社会经济活动的直接参与者，对雾霾污染存在不可忽视的影响。根据东童童等（2015）的处理方法，本书借助从业人员数量与地

区面积的比值来衡量。

（3）环境规制（*Regu*）。有效的环境规制可以加速企业产业结构变革，实现企业经济效应与环保效应共赢，加速企业绿色产业链构建，从而实现地区雾霾脱钩。环境规制衡量的方式很多，借鉴蔡海亚等（2017）的做法，用工业污染治理完成投资与 GDP 比值来表征环境规制。

（4）城市蔓延①（*Sprawl*）。城市蔓延是城市化进程的产物，改革开放以来城镇化的快速推进扩张了城市蔓延的趋势，给经济、社会和生态环境带来了一系列问题，城市蔓延度越高，雾霾污染就越严重（秦蒙等，2016）。有学者使用城市建成区面积增速和城市人口增速的比值（王家庭和张俊韬，2010），即借助土地—人口增长弹性来定量测度城市蔓延，但若城市面积或市区人口出现负增长时，该指标变得难以适用，且增长率为负值时不能对其进行对数处理，在计算上存在诸多不便。本章参考苏红键和魏后凯（2013）的思路，构造如下的城市蔓延：

$$Sprawl_{it} = \delta density\_employment_{it} + \phi density\_population_{it}$$
$$= \delta employment_{it}/area_{it} + \phi population_{it}/area_{it} \qquad (7-15)$$

式中：*Sprawl* 为城市蔓延；*density_employment* 为就业密度；*density_population* 为人口密度；*employment* 为非农产业从业人员总数；*population* 为非农人口总数；*area* 为建成区面积；δ、ϕ 为待定系数，此处认为就业密度与人口密度同等重要，δ、ϕ 取 0.5。

（5）市场化水平（*Market*）。地区市场化水平越高，意味着地区经济活动越活跃，环境污染物排放也就越多。本章选取市场化指数来表征市场经济制度，考虑到中国没有市场化发展水平的直接统计数据，此处参考樊纲等（2011）年的思路，从政府与市场的关系、非国有经济的发展、产品市场的发育程度、要素市场的发育程度、市场中介组织发育和法律制度环境五个角度来综合衡量市场化的进展。考虑到中国没有市场化水平的直接统计数据，本章直接采用樊纲等

---

① 城市蔓延是指城市化地区失控扩展与蔓延的现象，它使原来主要集中在中心区的城市活动扩散到城市外围，城市形态呈现出分散、低密度、区域功能单一和依赖汽车交通的特点。

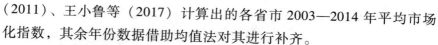

（2011）、王小鲁等（2017）计算出的各省市 2003—2014 年平均市场化指数，其余年份数据借助均值法对其进行补齐。

三　数据来源

本章使用的数据来源于历年《中国统计年鉴》、《中国能源统计年鉴》、《中国人口和就业统计年鉴》、《中国城市统计年鉴》、《中国城市建设统计年鉴》、国研网对外贸易统计数据库以及美国航空航天局（NASA）公布的全球 PM2.5 浓度图栅格数据。针对部分年份某些统计数据缺失问题，本章依照其呈现出的变化趋势进行平滑处理，在研究对象上选取除西藏和港、澳、台地区外的 30 个省份。

第三节　空间关联视角下生产性服务业与制造业协同集聚对雾霾污染的实证研究

一　空间相关性检验

在利用空间计量模型进行估计之前，通常需要检验统计数据是否存在空间自相关性和空间异质性，常用计量指标有 $Getis-Ord\ G$、$Moran's\ I$、$Geary'C$ 等，本章采用 $Moran's\ I$ 指数来测度雾霾污染的全局空间自相关性，其计算公式为

$$Moran's\ I = \frac{n\sum_{i=1}^{n}\sum_{j=1}^{n}w_{ij}(x_i-\bar{x})(x_j-\bar{x})}{\left(\sum_{i=1}^{n}\sum_{j=1}^{n}w_{ij}\right)\sum_{i=1}^{n}(x_i-\bar{x})^2} \tag{7-16}$$

式中：n 为研究区域个数；x_i、x_j 为样本 i 和 j 的观测值（$i\neq j$）；$\bar{x}$ 为样本均值；w_{ij} 为空间权重，若 i、j 相邻则 w_{ij} 取 1，若 i、j 不相邻则 w_{ij} 取 0。其中，$Moran's\ I$ 指数的值介于 [-1，1]，若指数小于 0，表明空间负相关；若指数大于 0，表明空间正相关。

标准化 Z 值的检验公式为

$$Z(Moran's\ I) = \frac{Moran's\ I - E(Moran's\ I)}{\sqrt{VAR(Moran's\ I)}} \tag{7-17}$$

式中：E（$Moran's\ I$）$= -1/$（$n-1$），表示数学期望值；VAR（$Moran's\ I$）表示方差。当 $Z>0$ 时，代表研究样本具有显著的空间正相关，观测值在空间上趋于集中；当 $Z<0$ 时，代表研究样本具有显著的空间负相关，观测值在空间上趋于分散。

表 7-1 报告了 2003—2016 年中国雾霾污染的 $Moran's\ I$ 指数及其 Z 统计值。研究发现，各年份的 $Moran's\ I$ 指数均显著为正，表明中国雾霾污染存在明显的空间正相关，"马太效应"显著，具体表现在雾霾污染严重的地区同雾霾污染严重的地区形成"高高"集聚阵营，雾霾污染较低的地区同雾霾污染较低的地区形成"低低"集聚阵营，呈现差异显著的两大组团式环状"俱乐部"。

表 7-1　　　中国雾霾污染的 $Moran's\ I$ 指数及其 Z 统计值

年份	2003	2004	2005	2006	2007	2008	2009
$Moran's\ I$	0.47***	0.48***	0.46***	0.44***	0.48***	0.47***	0.49***
Z 统计值	4.16	4.20	4.10	3.93	4.28	4.19	4.28
年份	2010	2011	2012	2013	2014	2015	2016
$Moran's\ I$	0.44***	0.46***	0.43***	0.48***	0.41***	0.35***	0.33***
Z 统计值	3.90	4.07	3.90	4.46	3.84	3.24	3.09

注：***、**、* 分别表示在 1%、5% 和 10% 的水平下显著。

表 7-2 报告了不同门槛距离情况下，历年中国雾霾污染的 $Moran's\ I$ 指数及其 Z 统计值。研究发现，随着省份之间地理距离的不断增加，其雾霾污染的空间溢出效应也逐渐减弱，并且在地理距离大于 1500 千米阈值时，雾霾污染空间溢出效应变得不再显著（除 2015 年和 2016 年外），甚至变为负向影响，意味着雾霾污染在特定空间范围内可以对周边地区进行强有力的扩散，具有输送距离远、分布广、空气滞留时间长等特性，在空间效应上符合地理学第一定律（Tobler's First Law of Geography）。

表 7-2　　不同门槛距离情况下中雾霾污染的 *Moran's I* 指数
及其 *Z* 统计值

年份	400km	600km	800km	1000km	1200km	1400km	1600km
2003	0.63*** (3.25)	0.51*** (4.12)	0.31*** (3.71)	0.26*** (4.09)	0.09** (2.35)	0.05* (1.66)	−0.11 (−1.53)
2004	0.61*** (3.16)	0.48*** (3.90)	0.26*** (3.21)	0.22*** (3.58)	0.07** (1.99)	0.05* (1.72)	−0.10 (−1.20)
2005	0.59*** (3.05)	0.46*** (3.70)	0.22*** (2.88)	0.21*** (3.40)	0.06* (1.81)	0.05* (1.73)	−0.09 (−1.08)
2006	0.54*** (2.82)	0.44*** (3.58)	0.21*** (2.62)	0.19*** (3.16)	0.05 (1.56)	0.04 (1.55)	−0.09 (−1.09)
2007	0.57*** (2.98)	0.47*** (3.81)	0.25*** (3.02)	0.21*** (3.43)	0.05* (1.66)	0.04 (1.50)	−0.10 (−1.25)
2008	0.59*** (3.09)	0.49*** (3.92)	0.26*** (3.18)	0.22*** (3.56)	0.06* (1.89)	0.05* (1.68)	−0.10 (−1.23)
2009	0.63*** (3.25)	0.50*** (4.01)	0.29*** (3.45)	0.25*** (3.96)	0.09** (2.31)	0.06* (1.89)	−0.10 (−1.22)
2010	0.62*** (3.22)	0.48*** (3.87)	0.26*** (3.17)	0.22*** (3.56)	0.07** (1.96)	0.04 (1.64)	−0.10 (−1.19)
2011	0.60*** (3.12)	0.46*** (3.70)	0.25*** (3.00)	0.21*** (3.40)	0.05* (1.69)	0.04 (1.59)	−0.09 (−1.15)
2012	0.54*** (2.83)	0.44*** (3.62)	0.23*** (2.82)	0.19*** (3.22)	0.05 (1.63)	0.05* (1.74)	−0.08 (−0.96)
2013	0.42** (2.33)	0.36*** (3.12)	0.24*** (3.14)	0.18*** (3.07)	0.10** (2.51)	0.02 (1.19)	−0.08 (−0.99)
2014	0.41** (2.28)	0.39*** (3.34)	0.29*** (3.58)	0.24*** (3.91)	0.15*** (3.62)	0.07** (2.22)	−0.04 (−0.14)
2015	0.79*** (4.96)	0.62*** (5.54)	0.45*** (5.28)	0.37*** (5.21)	0.26*** (4.53)	0.17*** (4.97)	0.12*** (5.23)
2016	0.81*** (5.11)	0.63*** (5.73)	0.48*** (5.68)	0.38*** (5.40)	0.27*** (4.61)	0.14*** (4.11)	0.08*** (3.98)

注：***、**、*分别表示在1%、5%和10%的水平下显著。

　　全局 *Moran's I* 指数仅能反映全国雾霾污染的整体集聚效应,无法揭示局部单元在邻近空间的关联程度。为了弥补该不足,本章以 2003 年、2007 年、2011 年、2016 年为时间节点,借助局部 *Moran's I* 估计值来度量雾霾污染的空间异质性,通过 Moran 散点图来探究省际之间雾霾污染的空间关联程度。由图 7-1 和表 7-3 可知,2003 年、2007 年、2011 年、2016 年绝大多数省份都位于第一、第三象限,表明雾霾污染高值集聚和低值集聚现象是中国省际雾霾污染空间关系的主要形式。雾霾污染较高的省份趋于强强集聚,形成"高地区域";雾霾污染较低的省份趋于弱弱集聚,形成"洼地区域",在空间上为组团式的环状分布。与 2003 年相比,2007 年、2011 年、2016 年处于第一、第三象限的省份数量有所下降,"马太效应"有所减弱。

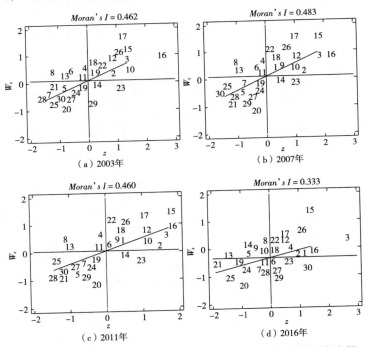

图 7-1　2003 年、2007 年、2011 年、2016 年省际雾霾污染空间
分布 Moran 散点图

　　注：1—30 依次代表北京、天津、河北、山西、内蒙古、辽宁、吉林、黑龙江、上海、江苏、浙江、安徽、福建、江西、山东、河南、湖北、湖南、广东、广西、海南、重庆、四川、贵州、云南、陕西、甘肃、青海、宁夏和新疆。

表 7-3　　　2003 年、2007 年、2011 年、2016 年省际雾霾污染
空间关联模式

年份	雾霾污染空间关联模式
2003	HH（13）：北京、山东、天津、湖北、重庆、山西、陕西、河北、安徽、河南、上海、湖南、江苏
	LH（4）：黑龙江、福建、辽宁、浙江
	LL（11）：青海、广西、云南、新疆、甘肃、贵州、宁夏、吉林、海南、广东、内蒙古
	HL（2）：江西、四川
2007	HH（12）：北京、山东、天津、湖北、重庆、陕西、河北、安徽、河南、上海、湖南、江苏
	LH（5）：黑龙江、福建、辽宁、浙江、山西
	LL（11）：青海、广西、云南、新疆、甘肃、贵州、宁夏、吉林、海南、广东、内蒙古
	HL（2）：江西、四川
2011	HH（11）：北京、山东、天津、湖北、陕西、河北、安徽、河南、上海、湖南、江苏
	LH（6）：黑龙江、福建、辽宁、浙江、山西、重庆
	LL（11）：青海、广西、云南、新疆、甘肃、贵州、宁夏、吉林、海南、广东、内蒙古
	HL（2）：江西、四川
2016	HH（10）：北京、山东、天津、湖北、河北、安徽、重庆、山西、河南、陕西
	LH（6）：上海、江苏、黑龙江、江西、福建、湖南
	LL（9）：青海、广西、云南、贵州、吉林、海南、广东、内蒙古、浙江
	HL（5）：辽宁、四川、甘肃、宁夏、新疆

注：HH 为第一象限；LH 为第二象限；LL 为第三象限；HL 为第四象限。

2003 年位于第一象限（HH）的省份有北京、山东、天津、湖北、重庆、山西、陕西、河北、安徽、河南、上海、湖南、江苏；位于第二象限（LH）的省份为黑龙江、福建、辽宁、浙江；位于第三象限（LL）的省份较多，有青海、广西、云南、新疆、甘肃、贵州、宁夏、吉林、海南、广东、内蒙古；位于第四象限（HL）的省份为

江西、四川。与 2003 年相比，2016 年省份雾霾污染空间格局分布变化较大，如上海、江苏、湖南从"HH"区转移到"LH"区，辽宁从"LH"区转移到"HL"区，浙江从"LH"区转移到"LL"区，甘肃、宁夏、新疆从"LL"区转移到"HL"区，江西从"HL"区转移到"LH"区，其余省份所处象限均不变。虽然，2003—2016 年中国省际雾霾污染的空间集聚性有所下降，但总体空间格局分布基本保持不变，即北京、山东、天津、湖北、河北、安徽、河南、陕西为"HH"集聚阵营，青海、广西、云南、贵州、吉林、海南、广东、内蒙古为"LL"集聚阵营。

二　全国层面的估计结果分析

由于产业协同集聚存在显著的空间溢出效应，倘若直接利用普通最小二乘法（OLS）估计，则会导致估计系数值有偏或无效，对此本章借助极大似然法（ML）来进行测算。关于空间计量模型 SEM 和 SAR 的选择，本章借鉴 Anselin（1995）的思路，通过观测 SEM 和 SAR 模型的拉格朗日乘数及其稳健性来选择最优模型，具体判定标准为：若 LM-ERR 显著于 LM-LAG，并且 R-LM-ERR 通过显著性检验而 R-LM-LAG 未通过，则选择 SEM 模型；反之，则选取 SAR 模型。对上述被解释变量进行共线性诊断，发现被解释变量的容差（Tolerance）值均大于 0.1，膨胀因子（VIF）值均小于 10，表明变量间不存在多重共线性问题。

表 7-4 报告了贸易开放修正前和贸易开放修正后的测算结果，发现主要变量的估计系数较为稳健，系数符号基本没有出现变动，但在估计系数值和显著性检验上有所变化，这也是下文将要重点解释的。模型（1）和模型（4）检验了生产性服务业与制造业协同集聚、贸易开放与雾霾污染的线性关系。结果表明，无论是贸易开放修正前还是贸易开放修正后，生产性服务业和制造业协同集聚的估计系数均较为稳健，由-0.42 变化为-0.43，只是略微波动，且至少在 1%水平下显著，表明生产性服务业和制造业的协同集聚对改善雾霾污染存在显著的促进作用，究其原因在于生产性服务业与制造业之间特有的内在联系，生产性服务业贯穿企业生产的上游、中游和下游环节，是依附

制造业并对其提供直接配套的服务业，生产性服务业与制造业协同集聚水平越高的地区，其内部知识和技术外溢效应就越明显。制造业集聚有效地带动了生产性服务业的发展，而生产性服务业集聚通过输出的人力资本和知识资本又反过来推动了制造业的进步，在提升制造业价值链的同时削减了企业要素成本和交易成本，产业内生产效率和管理水平得到显著提升，从而降低了单位产出的污染排放量。

表 7-4　　　　　　　　　　　全样本检验结果估计

模型及变量	贸易开放修正前			贸易开放修正后		
	模型（1）	模型（2）	模型（3）	模型（4）	模型（5）	模型（6）
$\ln Coagglo$	-0.42*** (-4.14)	-0.33* (-1.90)	-0.25* (-1.69)	-0.43*** (-4.29)	-0.34** (-1.98)	-0.46*** (-2.64)
$(\ln Coagglo)^2$		0.10 (0.60)			0.11 (0.62)	
$\ln FTR$	-0.13*** (-2.97)	-0.13*** (-2.97)	-0.10** (-2.31)			
$\ln FTR \cdot \ln Coagglo$			0.14 (1.53)			
$\ln Open$				-0.16*** (-3.74)	-0.16*** (-3.75)	-0.17*** (-3.41)
$\ln Open \cdot \ln Coagglo$						-0.02 (-0.17)
$\ln Capital$	0.08*** (3.08)	0.08*** (3.12)	0.08*** (2.86)	0.08*** (2.86)	0.08*** (2.90)	0.08*** (2.86)
$\ln Labor$	0.41*** (7.38)	0.41*** (7.40)	0.39*** (7.04)	0.41*** (7.47)	0.41*** (7.50)	0.41*** (7.35)
$\ln Regu$	0.04 (1.59)	0.04 (1.61)	0.03 (1.31)	0.03 (1.36)	0.03 (1.39)	0.03 (1.37)
$\ln Sprawl$	-0.01 (-0.20)	-0.01 (-0.22)	-0.02 (-0.23)	-0.02 (-0.33)	-0.02 (-0.35)	-0.02 (-0.33)
$\ln Market$	-0.03 (-0.23)	-0.04 (-0.26)	-0.02 (-0.11)	-0.03 (-0.24)	-0.04 (-0.27)	-0.04 (-0.25)

续表

模型及变量	贸易开放修正前			贸易开放修正后		
	模型（1）	模型（2）	模型（3）	模型（4）	模型（5）	模型（6）
λ	0.48*** (7.03)	0.48*** (7.10)	0.48*** (6.98)	0.50*** (7.48)	0.50*** (7.55)	0.50*** (7.48)
Adj-R^2	0.81	0.81	0.81	0.81	0.81	0.81
log$L$	−65.25	−65.07	−64.08	−62.79	−62.60	−62.78
模型	SEM	SEM	SEM	SEM	SEM	SEM
N	360	360	360	360	360	360

注：***、**、*分别表示在1%、5%和10%的水平下显著。

贸易开放修正前和贸易开放修正后对雾霾污染的估计系数为负，通过1%的显著性检验，并且对雾霾污染的作用程度在变大，该估计系数从−0.13变化为−0.16，对雾霾污染作用系数的绝对值上升了23.08%左右，其原因在于长期以来加工贸易一直是中国对外贸易的重要形式，但加工贸易同一般贸易有着本质性的区别，加工贸易主要集中在外资企业与劳动密集型企业中，仍旧停滞在原始设备制造商（Original Equipment Manufacturer，OEM）的初级发展模式，具有"大进大出"和低增值率的特征，因技术与管理不配套而无法涉及产品的高端生产环节，致使产品的实际附加值和研发设计偏低，反映了低端贸易方式对雾霾污染的改善作用并不理想，改变传统粗放型贸易方式、提升贸易开放质量在抑制雾霾污染上具有立竿见影的效果。模型（2）和模型（5）纳入了生产性服务业与制造业协同集聚的二次项来检验生产性服务业与制造业协同集聚与雾霾污染的非线性关系，结果显示生产性服务业与制造业协同集聚的二次项系数依次为0.10、0.11，符号为正说明生产性服务业与制造业协同集聚与雾霾污染还未呈倒"U"形关系。进一步地，由模型（3）和模型（6）的估计结果可知，生产性服务业与制造业协同集聚和贸易开放的交互项（lnFTR·ln$Coagglo$）与雾霾污染的关系在贸易开放修正前呈正相关，其作用系数为0.14。但值得关注的是，在贸易开放修正后生产性服务业与制造业协同集聚与贸易开放的交互项（ln$Open$·ln$Coagglo$）对雾霾污染作用系数符号发生了实质性的改变，其作用系数为−0.02。虽然未通过10%的显著性检验，但说明了贸易开放带来的规模集聚效应和知识溢出效应能够提升地区的生产性服务业与制造业协同集聚水平和管理创新能力，制造业的高度集聚有利于企业将污染治理外包给生产性服务业，从而促进污染治理的专业化和市场化，与传统加工贸易方式相比，高质量的贸易开放对生产性服务业与制造业协同集聚的技术溢出效应更为有效，能够显著降低单位产值的能耗水平。

控制变量资本投入密度（ln$Capital$）与雾霾污染呈正向促进作用，其原因在于政府为了实现 GDP 的政绩考核标准，通过大规模重复投资来刺激地区的第二产业发展，高度雷同的工业园区和工业新区如雨后春笋搬兴盛起来，但资本的实际利用效率并不高，容易造成过度竞争和产能过剩问题，对雾霾污染的改善十分有限（丁志国，2012）。劳动投入密度（ln$Labor$）显著加剧了雾霾污染，究其根源为中国企业生产依然处于价值链低端，以劳动密集型为主的企业占有较大的市场份额，低端从业者大量集中导致企业清洁技术难以推广。环境规制（ln$Regu$）对雾霾污染的影响为正但不显著，本书认为这与中国发展实际相符，企业以追逐利益最大化为经营宗旨，由于污染环境的代价低、守法的成本高，当寻租经济收益高于环境规制成本时，企业往往明知故犯，宁愿扩大生产规模来弥补环境罚款。城市蔓延（ln$Sprawl$）不利于雾霾污染的缓解，其原因在于我国城镇化发展模式较为粗放、发展质量还不高，出现了亚健康和冒进式的城镇化现象，形成以资源匮乏、房价高涨、人口膨胀、生态失衡、交通堵塞为特征的"城市病"，环境污染已成为现代城市的"文明病"。市场化（ln$Market$）不利于雾霾污染的缓解，其原因在于以市场化为取向的经济体制改革导致了工业集聚的爆炸式增长，并且长期大范围集聚产生的规模报酬递增和正反馈效应不断进行自我强化，成为中国经济增长的助推器，从而加剧了雾霾污染程度。

三　分时段的估计结果分析

2006 年，中央政府在《中华人民共和国国民经济和社会发展第十一个五年规划纲要》中首次提出将降低能源强度和减少主要污染物排放总量作为衡量国民经济和社会发展的"约束性指标"，弱化 GDP 考核、打破唯 GDP"论英雄"的怪圈，减少 GDP 在政绩考核中的权重，旨在实现"既要金山银山，又要绿水青山"的美好愿景。本章参照张华（2016）的研究思路，将研究时期以 2006 年为界分为两个发展时段，同时考虑到政策执行的滞后性，最终将研究样本划分为 2003—2006 年、2007—2016 年，探析将节能减排纳入政府绩效考核体系前后生产性服务业与制造业协同集聚与雾霾污染的相互关系。全国层面的分析已经指出，贸易开放修正后的模型对雾霾污染影响的解释能力更具说服力，因而本章借助贸易开放修正后的模型对 2003—2006 年、2007—2016 年两个时段进行测算。

如表 7-5 所示，模型（1）和模型（4）检验了生产性服务业与制造业协同集聚与雾霾污染的关系；模型（2）和模型（5）检验了生产性服务业与制造业协同集聚二次项与雾霾污染的关系；模型（3）和模型（6）检验了生产性服务业与制造业协同集聚及贸易开放的交互项和雾霾污染的关系。对比两个时段的估计结果可以发现，生产性服务业与制造业协同集聚的作用形态发生了重要的变化。无论是直接检验生产性服务业与制造业协同集聚、贸易开放与雾霾污染的关系，还是引入生产性服务业与制造业协同集聚的二次项和生产性服务业与制造业协同集聚与贸易开放的交叉项检验生产性服务业与制造业协同集聚与雾霾污染的关系，就生产性服务业与制造业协同集聚估计系数而言，在 2003—2006 年依次为 -0.04、-0.17、0.02，均未通过 10%的显著性检验，其原因在于制造业集聚发展初期大量原始资本汇聚导致产能急剧扩张，而生产性服务业发展却相对滞后，产业之间的关联性相对较差，产生的知识或技术溢出效应较为有限，加之官员晋升锦标赛机制的存在，遵循"先发展、后治理"的固有政策，以牺牲环境为代价换取经济增长。相反，生产性服务业与制造业协同集聚估计系数在 2007—2016 年依次为 -0.47、-0.42、-0.51，所有数值至少在 10%的水平下显著，表明在地理和经济的双重空间聚集作用下生产性服务企业和制造企业上下互通，双方的交易成本和搜索成本有所下降，当生产性服务业与制造业协同集聚水平上升到一定临界值后，生产性服务业与制造业协同集聚的规模效应大于挤出效应，有助于制造业生产技术、管理水平与资源重新优化配置，显著低了单位产出的污染排放量。就贸易开放估计系数而言，在 2003—2006 年依次为 0.06、0.06、0.08，均未通过 10% 的显著性检验，表明在贸易开放初期地方政府以资本论英雄，将 GDP 作为政绩考核的标准，借助贸易数量型扩张手段提升产业集聚规模实现刺激地区经济增长，然而以政府为主导的集聚往往会提高排污企业寻租的期望收益，从而弱化企业节能减排的硬约束，加之在集聚区内部分企业减排意愿较低，频繁存在"免费搭便车"的行为，最终引发环境公地悲剧现象。值得一提的是，贸易开放估计系数在 2007—2016 年依次为 -0.21、-0.13、-0.22，所有数值至少在 5% 的水平下显著，本书认为产生该现象的原因为，随着贸易开放水平的提升，地区经济水平也在稳步发展，经济收入达到一定的门槛时进一步的收入增长将有效降低环境质量或污染水平，居民收入水平的增加也提升了其对生活环境质量的诉求。就产业协同集聚平方项而言，两个研究时段的回归系数符号不一致，依次为 -0.13、0.05，意味着在 2003—2006 年生产性服务业与制造业协同集聚与雾霾污染呈倒"U"形关系，而在 2007—2016 年生产性服务业与制造业协同集聚与雾霾污染还未呈倒"U"形关系。就生产性服务业与制造业协同集聚与贸易开放的交叉项而言，两个研究时段的生产性服务业与制造业协同集聚与贸易开放的交叉项的估计系数的符号相反，但均未通过 10% 的显著性检验，值得关注的是，该系数由 0.08 变化为 -0.03，表明贸易开放可以通过改善生产性服务业与制造业协同集聚水平来对雾霾污染产生间接抑制作用，表现在当贸易发展到一定程度时，促使生产性服务业与制造业协同集聚的规模效应大于挤出效应，经济集聚带来的资本、劳动和技术进步能够显著降低单位生产的能源消耗强度，且随着贸易开放水平的提升，其作用程度也会增大。此外，各控制变量估计系数与显著性同全国层面的检验结果较为一致，此处不再赘述。

表 7-5 分时段检验结果估计

模型及变量	2003—2006 年			2007—2016 年		
	模型（1）	模型（2）	模型（3）	模型（4）	模型（5）	模型（6）
ln$Coagglo$	−0.04 (−0.30)	−0.17 (−0.66)	0.02 (0.11)	−0.47*** (−3.94)	−0.42* (−1.72)	−0.51** (−2.23)
(ln$Coagglo$)²		−0.13 (−0.66)			0.05 (0.17)	
ln$Open$	0.06 (1.15)	0.06 (1.16)	0.08 (1.39)	−0.21*** (−3.35)	−0.13** (−2.15)	−0.22*** (−2.96)
ln$Open$·ln$Coagglo$			0.08 (0.76)			−0.03 (−0.22)
ln$Capital$	0.25*** (4.52)	0.22*** (4.80)	0.24*** (5.34)	0.02 (0.68)	−0.05 (−1.63)	0.02 (0.68)
ln$Labor$	0.21** (2.38)	0.19** (2.53)	0.20*** (2.69)	0.57*** (9.01)	0.47*** (7.82)	0.58*** (8.88)
ln$Regu$	0.03 (1.30)	0.03 (1.37)	0.02 (1.18)	0.03 (0.81)	0.05 (1.58)	0.03 (0.84)
ln$Sprawl$	−0.01 (−0.34)	−0.01 (−0.26)	−0.01 (−0.36)	0.03 (0.19)	−0.01 (−0.08)	0.03 (0.17)
ln$Market$	−0.01 (−0.05)	−0.01 (−0.06)	−0.01 (−0.09)	−0.12 (−0.66)	0.10 (0.76)	−0.12 (−0.66)
ρ		0.09 (1.17)			−0.65* (−1.77)	
λ	0.06 (0.53)		0.08 (0.70)	0.51*** (6.47)		0.51*** (6.48)
Adj-R^2	0.99	0.99	0.99	0.81	0.78	0.81
log$L$	162.53	161.92	162.82	−77.74	−80.54	−77.72
模型	SEM	SAR	SEM	SEM	SAR	SEM
N	120	120	120	240	240	240

注：＊＊＊、＊＊、＊分别表示在1%、5%和10%的水平下显著。

四 稳健性检验

生产性服务业与制造业协同集聚对雾霾污染的影响可能会因空间权重矩阵选取的不同而存在差异，此处采取替换空间权重矩阵的方法

148

来进行稳健性检验。本章进一步采用地理邻接型空间权重矩阵，借助空间计量回归模型重新检验生产性服务业与制造业协同集聚、贸易开放以及两者交互项对雾霾污染的影响，如表7-6中的模型（1）至模型（6）所示，生产性服务业与制造业协同集聚、贸易开放以及两者交互项对雾霾污染的影响符号与前文基准估计结果（见表7-4）基本一致，表明在研究样本期间，积极发展生产性服务业与制造业协同集聚、提升贸易开放水平确实可以在一定程度上缓解雾霾污染，再次验证了检验结果是稳健的。

表 7-6　　　　　　　　　　　稳健性检验结果估计

模型及变量	贸易开放修正前			贸易开放修正后		
	模型（1）	模型（2）	模型（3）	模型（4）	模型（5）	模型（6）
$\ln Coagglo$	-0.15* (-1.78)	-0.09 (-0.62)	-0.03 (-0.23)	-0.16* (-1.84)	-0.09 (-0.62)	-0.05 (-0.36)
$(\ln Coagglo)^2$		0.07 (0.51)			0.08 (0.56)	
$\ln FTR$	-0.05 (-1.37)	-0.05 (-1.37)	-0.03 (-0.74)			
$\ln FTR \cdot \ln Coagglo$			0.10 (1.34)			
$\ln Open$				-0.07** (-2.11)	-0.08** (-2.13)	-0.09** (-2.34)
$\ln Open \cdot \ln Coagglo$						-0.03 (-0.49)
$\ln Capital$	0.00 (0.24)	0.00 (0.26)	0.00 (0.05)	-0.00 (-0.09)	-0.00 (-0.06)	0.06*** (3.03)
$\ln Labor$	0.27*** (7.32)	0.27*** (7.34)	0.27*** (7.07)	0.27*** (7.36)	0.27*** (7.38)	0.42*** (9.16)
$\ln Regu$	0.05*** (2.77)	0.05*** (2.80)	0.04** (2.41)	0.05*** (2.59)	0.05*** (2.62)	0.05*** (2.89)
$\ln Sprawl$	-0.01 (-0.11)	-0.01 (-0.14)	-0.00 (-0.09)	-0.01 (-0.28)	-0.02 (-0.31)	0.02 (0.31)
$\ln Market$	0.01 (0.08)	0.01 (0.06)	0.01 (0.16)	0.02 (0.22)	0.02 (0.20)	-0.10 (-0.71)

续表

模型及变量	贸易开放修正前			贸易开放修正后		
	模型（1）	模型（2）	模型（3）	模型（4）	模型（5）	模型（6）
ρ	0.67 *** (17.10)	0.67 *** (17.13)	0.67 *** (17.02)	0.67 *** (17.18)	0.67 *** (17.21)	
λ						0.76 *** (19.93)
Adj-R^2	0.75	0.76	0.75	0.75	0.75	0.80
$\log L$	2.97	3.11	3.88	4.25	4.41	3.12
模型	SAR	SAR	SAR	SAR	SAR	SEM
N	360	360	360	360	360	360

注：***、**、*分别表示在1%、5%和10%的水平下显著。

第四节　扩展讨论与检验

上文仅探讨了生产性服务业与制造业协同集聚、贸易开放与雾霾污染之间的简单线性关系。然而，在当前空前开放的时代，针对中国各地区贸易开放水平存在明显的异质性，贸易开放对生产性服务业与制造业协同集聚的技术外溢也或多或少对雾霾污染存在一定影响，但能否改善雾霾污染仍取决于各地区自身的"消化吸收"能力。那么，各地区间贸易开放程度对雾霾污染的影响又有何不同？生产性服务业与制造业协同集聚对雾霾污染的影响是否依赖地区的贸易开放程度？为了准确刻画这种非线性效应，本章引入 Hansen（1999）设置的面板门槛回归模型，以贸易开放水平为门槛变量，建立生产性服务业与制造业协同集聚与雾霾污染的分段函数。Hansen 构建的单一面板门槛基本公式为

$$Y_{it} = \mu_{it} + \beta_1 X_{it} \cdot I(q_{it} \leq \gamma) + \beta_2 X_{it} \cdot I(q_{it} > \gamma) + \varepsilon_{it} \tag{7-18}$$

式中：Y_{it} 为解释变量；X_{it} 为被解释变量；q_{it} 为门槛变量；γ 为门槛

值；ε_{it} 为随机误差项；μ_{it} 为常数项；$I（\cdot）$ 为指标函数。式（7-18）等价于

$$Y_{it}=\begin{cases}\mu_{it}+\beta_1 X_{it}+\varepsilon_{it} & (q_{it}\leqslant\gamma)\\ \mu_{it}+\beta_2 X_{it}+\varepsilon_{it} & (q_{it}>\gamma)\end{cases} \qquad (7-19)$$

上述模型可以表示为一个分段函数，若 $q_{it}\leqslant\gamma$，则 X_{it} 的系数为 β_1；若 $q_{it}>\gamma$，则 X_{it} 的系数为 β_2。

一 模型设定

结合本章研究主题，设定如下的门槛回归模型来考察基于不同贸易开放程度下生产性服务业与制造业协同集聚对雾霾污染的影响，最终公式为

$$\ln H_{it}=c_i+\beta_1\ln Coagglo_{it}\cdot I(\ln Open_{it}\leqslant\gamma_1)+$$
$$\beta_2\ln Coagglo_{it}\cdot I(\gamma_1<\ln Open_{it}\leqslant\gamma_2)+$$
$$\beta_3\ln Coagglo_{it}\cdot I(\gamma_2<\ln Open_{it}\leqslant\gamma_3)+$$
$$\beta_4\ln Coagglo_{it}\cdot I(\ln Open_{it}>\gamma_3)+\beta_n T_{it}+\varepsilon_{it} \qquad (7-20)$$

式中：H 为雾霾污染；$Coagglo$ 为生产性服务业与制造业协同集聚指数；$Open$ 为贸易开放；T 为一组控制变量，与上文研究相同，其余变量含义与式（7-18）一致。

二 假设检验

检验1：门槛效应是否显著。以单一门槛模型为例，原假设为 H_0：$\beta_1=\beta_2$，表示不存在门槛效应；对应的备择假设为 H_1：$\beta_1\neq\beta_2$，表示存在门槛效应，构建 LM 统计量对零假设进行统计验证，检验统计量为：$F(\gamma)=\dfrac{SSE_0-SSE_1(\hat{\gamma})}{\hat{\sigma}^2}$。其中，$SSE_0$、$SSE_1(\hat{\gamma})$ 分别为 H_0 和 H_1 假设下得到的残差平方和。由于在原假设 H_0 下，$F(\gamma)$ 为非标准分布，Hansen 提出利用 Bootstrap 自抽样获得渐进分布，进而计算接受原假设的 p 值。

检验2：门槛估计量是否等于真实值。原假设为 H_0：$\hat{\gamma}=\gamma_0$，备择假设为 H_1：$\hat{\gamma}\neq\gamma_0$，对应的似然比统计量为：$LR_1(\gamma)=\dfrac{SSE_1(\gamma)-SSE_1(\hat{\gamma})}{\hat{\sigma}^2}$。其中，$SSE_1(\gamma)$、$SSE_1(\hat{\gamma})$ 分别为假设 H_0 和假设 H_1

下得到的残差平方和，$LR_1(\gamma)$ 为非标准分布。当 $LR_1(\gamma_0)>c(\alpha)$ 时，应该拒绝原假设，其中 $c(\alpha)=-2\ln(1-\sqrt{1-\alpha})$，$\alpha$ 为显著性水平。

三　门槛效应检验

表 7-7 报告了门槛变量的显著性检验和置信区间，研究发现：单一门槛和双重门槛的 Bootstrap LM 统计值至少在 1% 的显著性水平下显著，而三重门槛的 Bootstrap LM 统计值通过了 5% 的显著性检验，但第三个门槛值的置信区间与前两个门槛值的置信区间重合。因此，此处将第三个门槛值进行剔除，意味着以生产性服务业与制造业协同集聚水平为门槛变量拒绝线性关系的原假设，且具有双重门槛效应。

表 7-7　　　　　　　　　门槛变量的显著性检验和置信区间

门槛变量	假设检验	Bootstrap LM 统计值	不同显著水平临界值		
			10%	5%	1%
$\ln Open$	H_0：有 0 个门槛值 H_1：有 1 个门槛值	53.98***	9.52	13.54	28.65
	H_0：有 1 个门槛值 H_1：有 2 个门槛值	25.55***	9.48	12.98	20.58
	H_0：有 2 个门槛值 H_1：有 3 个门槛值	12.45**	5.62	10.29	15.50

注：***、**和*分别表示在 1%、5% 和 10% 显著性水平下显著。

表 7-8 报告了双重门槛估计值与置信区间，双重门槛估计值依次为 -3.34、-1.61，相对应的 95% 置信区间依次为 [-3.45，-3.29]、[-1.61，-1.60]，由于本章最初对各变量做了取对数处理，因而其实际门槛估计值依次为 0.04($e^{-3.34}$)、0.20($e^{-1.61}$)，相对应的 95% 置信区间依次为 [0.03，0.04]、[0.20，0.21]。此处，通过绘制似然比函数序列 $LR(\gamma)$ 趋势图来进一步了解门槛估计值与置信区间的构造过程，如图 7-2 和图 7-3 所示，当 $LR(\gamma)$ 落在图像最低点时，得到生产性服务业与制造业协同集聚对雾霾污染的两个贸易开放门槛值 γ_1（-3.34）和 γ_2（-1.61），虚线下方为 95% 置信区间。

表 7-8　　　　　　　　　　双重门槛估计值与置信区间

门槛值	计算门槛值		实际门槛值	
	估计值	95%置信区间	估计值	95%置信区间
第一个门槛值	-3.34	[-3.45, -3.29]	0.04	[0.03, 0.04]
第二个门槛值	-1.61	[-1.61, -1.60]	0.20	[0.20, 0.21]

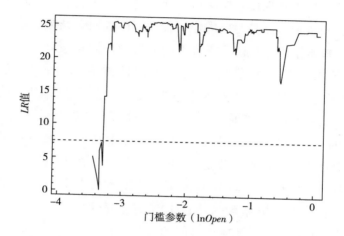

图 7-2　**ln*Open* 对 ln*Coagglo* 的第一个门槛值和置信区间**

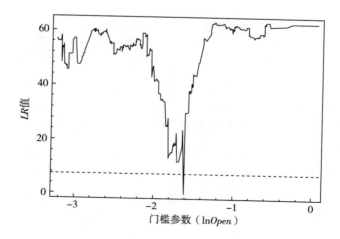

图 7-3　**ln*Open* 对 ln*Coagglo* 的第二个门槛值和置信区间**

四 门槛模型估计结果

表7-9报告了门槛估计结果，为了便于与门槛模型进行比较，本章还依次采用系统GMM、固定效应、随机效应方法检验生产性服务业与制造业协同集聚与雾霾污染的关系，结果显示普通面板回归系数大概落在门槛回归系数中心区间，其原因在于贸易开放水平在不同时期所释放的技术和规模效应有所差异，进而间接影响生产性服务业与制造业协同集聚对雾霾污染的作用程度。门槛回归结果表明，在不同的贸易开放水平下，生产性服务业与制造业协同集聚对雾霾污染的影响差异较大，存在明显的门槛特征，具体表现在：当贸易开放（Open）低于0.04时，生产性服务业与制造业协同集聚对雾霾污染的估计系数为0.05，且未通过10%的显著性水平；当贸易开放（Open）落在0.04—0.20时，生产性服务业与制造业协同集聚对雾霾污染的影响显著性提升，影响系数变为−1.21，且至少在1%的水平下显著；而当贸易开放（Open）高于0.20时，生产性服务业与制造业协同集聚对雾霾污染的影响系数未通过10%的显著性水平，并进一步下降至−0.05。因此，可以发现在不同的贸易开放水平下，生产性服务业与制造业协同集聚与雾霾污染的关系并非简单的线性关系。

表7-9　　　　　　　　　门槛模型与线性模型估计结果

变量	面板门槛	SYS-GMM	OLS 估计	
			FE	RE
$\ln Coagglo$ （$Open \leqslant 0.04$）	0.05 (0.17)			
$\ln Coagglo$ （$0.04 < Open \leqslant 0.20$）	−1.21*** (−8.53)			
$\ln Coagglo$ （$Open > 0.20$）	−0.05 (−0.41)			
$\ln H_{it-1}$		0.45*** (10.88)		
$\ln Coagglo$		−0.62* (−1.88)	−0.46*** (−4.13)	−0.51*** (−4.48)

续表

变量	面板门槛	SYS-GMM	OLS 估计	
			FE	RE
ln*Open*		−0.10*** (−2.67)	−0.13*** (−2.60)	−0.10** (−2.06)
ln*Capital*	0.04 (1.61)	−0.13*** (−8.07)	0.03 (1.10)	−0.01 (−0.05)
ln*Labor*	0.28*** (5.90)	0.32*** (6.44)	0.32*** (6.34)	0.52*** (12.78)
ln*Regu*	0.07*** (3.17)	0.03*** (2.85)	0.08*** (3.44)	0.07*** (2.92)
ln*Sprawl*	−0.08 (−1.20)	−0.19*** (−7.95)	−0.14** (−2.03)	−0.06 (−0.85)
ln*Market*	0.31*** (3.17)	0.27* (1.68)	0.28*** (2.63)	0.29*** (2.63)
Cons	−0.09 (−0.38)	−0.43** (−2.01)	−0.25 (−0.88)	−0.84*** (−2.90)
AR（2）检验		[0.54]		
Sargan 检验		[1.00]		
R^2	0.71		0.79	0.81

注：***、**和*分别表示在1%、5%和10%的水平下显著；（）内为 T 值；［］内为 p 值。

对此可能的解释为：当贸易开放低于门槛值时，知识溢出和技术溢出效应不明显，产业协同集聚拥挤效应大于规模效应，致使生产性服务业与制造业协同集聚对雾霾污染的改善作用不显著，但随着贸易开放水平的逐步提升，这种负面效应有所减弱。当贸易开放越过门槛值时，生产性服务业与制造业协同集聚对雾霾污染正向外部性效应十分显著，一方面，贸易开放带来的技术和知识红利推动市场和产业集聚规模的急剧膨胀，该时期内随着协同集聚产业共生性的逐步增强，生产性服务业与制造业上下游生产环节互联互通，实现资源的循环利用，产业协同集聚的规模效应大于挤出效应，技术溢出推动企业生产和管理技术提升，单位产出的污染排放量有所降低；另一方面，生产性服务业作为制造业发展的高级要素，其蕴含的人力资本、知识资本、技术资本不断集聚，通过产生竞争效应、学习效应、专业化效应以及规模经济效应多方面对制造业升级形成飞轮效应，商品环保技术创新和绿色生产的效率均得到显著提高，起到改善环境、抑制污染的作用。当贸易开放越过更高的门槛值时，随着城镇化进程的不断推进，区域内人口密度、经济密度持续攀升，土地价格、房屋租金、运营成本的上涨以及不可再生资源的消耗殆尽，极大地透支了区域内环境的承载能力，致使拥挤效应大于集聚规模效应，政府采取强制性的环境规制措施倒逼企业排污能力的提升，企业面临高昂的排污费用或者被迫淘汰、重新选址，从而对改善雾霾污染产生一定的抑制作用。此外，各控制变量估计系数与显著性同全国层面的检验结果较为一致，此处不再赘述。

进一步地，本章分析了 2003 年、2010 年、2016 年各省份贸易开放门槛通过情况。2003 年、2010 年、2016 年，绝大多数省份跨越贸易开放（Open）的第 1 个门槛值 0.04，但贵州、青海、山西、陕西、河南等省份还未跨越该门槛值，贸易开放程度有待进一步提升。2003 年、2010 年、2016 年，跨越贸易开放（Open）第 2 个门槛值 0.20 的省份则较为稳定，虽然内部省份有所更迭，但北京、天津、上海、江苏、浙江、广东在上述时段内均未发生变动。其原因是虽然中国先后出台多项措施大力发展中西部地区贸易，但是受经济、社会、地理等因素的制约，目前中西部地区的贸易开放水平仍然较低，未能形成有效的规模经济，因而需要进一步扩大贸易开放水平。然而，值得关注的是东部地区绝大多数省份贸易开放水平跨过第 2 个门槛值 0.20，但在较高的贸易开放水平下，反而生产性服务业与制造业协同集聚对雾霾污染的改善并不显著。其原因在于东部沿海地区作为对外开放的窗口，随着自身经济实力的不断增强，对外资的引入变得更加理性，从追求数量向提升质量转变，因而其对外资企业技术与能耗水平的进入门槛要比中、西部地区高得多，同时东部地区由于对外开放的政策红利已获得较高的利用外资额，众多的外资企业与本地企业在资源要素上存在一定的竞争，对 FDI 产生明显的"挤出效应"，致使贸易开放对生产性服务业与制造业协同集聚释放的技术外溢效应有所减弱。

第五节　本章小结

本章将环境污染扩展到生产密度理论模型中，基于生产性服务业与制造业协同集聚的研究视角，构建空间计量模型和面板门槛模型，实证考察了生产性服务业与制造业协同集聚、贸易开放与雾霾污染的内在联系。研究结论如下。

一是生产性服务业与制造业协同集聚对雾霾污染存在明显的改善作用，在剔除了加工贸易量进行修正后，贸易开放对改善雾霾污染发生实质性的转变，表明改变传统粗放型贸易方式、提升贸易开放质量在抑制雾霾污染上具有立竿见影的效果。

二是生产性服务业与制造业协同集聚与贸易开放交叉项对雾霾污染存在负向影响，意味着贸易开放带来的规模集聚效应和知识溢出效应能够在一定程度上提升地区的产业集聚水平和管理创新能力，显著降低单位产值的能耗水平，间接制约产业集聚外部性对雾霾污染的影响。

三是分时段检验发现，贸易开放与生产性服务业与制造业协同集聚存在消化吸收的过程，在初期对抑制雾霾污染作用不显著，随着时间的推移抑制作用变得显著。

四是贸易开放和生产性服务业与制造业协同集聚对雾霾污染的作用因两者发展的不匹配而存在"门槛效应"，在不同的贸易开放水平下，生产性服务业与制造业协同集聚对地区雾霾污染的影响差异较大。中、西部地区的贸易开放水平仍然较低，未能形成有效的规模经济，因而需要进一步扩大贸易开放水平，而东部地区绝大多数省份发展进入瓶颈期，对外开放的释放政策红利有限，FDI 产生明显的"挤出效应"，致使贸易开放对生产性服务业与制造业协同集聚释放的技术外溢效应有所减弱。

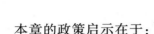

本章的政策启示在于：

一是目前中国加工贸易额在进出口贸易总额中占据着较高的比重。与一般贸易相比，加工贸易的技术溢出效应相对较低，容易将部分企业锁定在全球价值链低端，导致出口企业的生产率可能比非出口企业更低，在一定程度上加剧了生态环境的负担，因而需要推进中国加工贸易向价值链高端攀升。

二是虽然贸易开放释放的规模集聚效应和知识溢出效应可以提升地区的产业集聚水平和管理创新能力，并且高质量的贸易开放对生产性服务业与制造业协同集聚的技术溢出效应更为有效，但不能忽视在不同的贸易开放水平下，生产性服务业与制造业协同集聚对地区雾霾污染的异质性。

三是应充分考虑区域异质性特征，不同地区贸易开放释放的政策红利差异较大，其带来的技术溢出效应对环境的影响也有所不同，应根据地区实际发展情况制定与之相对应的政策措施。

第八章

主要结论与政策建议

本章通过对第三章至第七章的研究内容进行归纳总结，给出本书的主要结论，为矫正产业发展中的棘轮效应以及我国雾霾污染治理提供有针对性、落地的政策建议。同时，本章总结了本书的不足之处与未来展望，明确未来进一步的研究方向。

第一节　主要结论

本书在研究对象上选取除西藏和港、澳、台地区以外的 30 个省份，以生产性服务业与制造业协同集聚为突破口，突破单一产业集聚视角的限制，并从产业关联视角和空间关联视角论述和检验生产性服务业与制造业协同集聚对我国雾霾污染的作用机制和影响效应，同时也为我国破除产业棘轮效应和实现雾霾污染治理提出了针对性的对策措施。本书主要研究结论如下。

一　测算和分解了雾霾污染强度的地区差异，并对其进行收敛性检验

本书指出：①中国各省份雾霾污染程度分布不均衡，省际之间差异较大。三大区域历年的 PM2.5 浓度值呈现逐年增长态势，PM2.5 浓度值由高至低依次为中部地区、东部地区、西部地区，但中部地区历年 PM2.5 浓度值和其占全国比重均略高于东部地区。②雾霾污染强度泰尔指数大致呈现波动下降的发展态势，对历年泰尔指数增长率的变动情况进行分析，发现雾霾污染差异大致呈现衰减的发展态势，排放差异在"十一五"时期才开始逐年走低，但泰尔指数在 2013 年以后有所回升，表明近年来雾霾污染差异存在一定的反弹势头；区域差异方面，雾霾污染强度表现出明显的区域差异特征，东部地区的泰尔指数最高，西部地区次之，中部地区最低，并且区域内差异的贡献率远大于区域间差异的贡献率，三大区域内部发展的非均衡是雾霾污染强度产生差异的主要动因。③从总体层面来看，全国雾霾污染强度存在 σ 收敛、β 收敛特征，雾霾动态累积效应、能源效率、机动车辆、环境规制、城市供暖、城镇化水平等控制变量对全国雾霾污染强度的收敛具有显著影响。从区域层面来看，三大地区存在 σ 收敛、β 收敛和俱乐部收敛，但不同地区所具有的收敛特征大相径庭，控制变量显著程度不尽相同。无论是全国层面还是区域层面，雾霾污染均存在动态累积效应，路径依赖现象从东部地区向西部地区、中部地区逐渐减弱。

二　测算生产性服务业与制造业协同集聚的关联关系，研究生产性服务业与制造业协同集聚关联网络的演变格局，并剖析各省份在生产性服务业与制造业协同集聚关联网络中的地位、作用、类型、角色

本书指出：①从网络整体特征来看，中国省际生产性服务业与制造业协同集聚联系网络总数与网络密度均呈现先升后降的发展态势，省际生产性服务业与制造业协同集聚的关联关系具有显著的网络结构，网络关联较多的省份主要集中在上海、北京、天津、河北、江苏、浙江和广东 7 个省份，开始出现较为显著的"中心-边缘"发展形态。②从网络中心性特征来看，仅有 9 个省份点度中心度高于全国平均水平，表明这 9 个省份同其他省份之间的生产性服务业与制造业协同集聚关联十分紧密，而且除甘肃外其余 8 个省份都是接收关系明显大于溢出关系，极化效应大于涓滴效应，具有"虹吸"现象。北京、天津、河北、上海、江苏、广东 6 个省份高于中间中心度平均值，表明上述省份具有显著的"桥梁"和"中介"作用，在生产性服务业与制造业协同集聚的网络中对其他省份的生产性服务业与制造业协同集聚关联关系存在有效的控制作用。北京、天津、河北、上海、江苏、山东、广东、甘肃、新疆 9 个省份高于接近中心度平均

值，在生产性服务业与制造业协同集聚关联网络中处于中心行动者的位置，凭借自身较高的资源流动效率以及获取效率，有助于加快自身与周边地区的内在联系。③第Ⅰ板块、第Ⅱ板块内的省份主要集中分布在经济较为发达、制造业与生产性服务业十分密集的环渤海、长三角和珠三角地区，其中北京、天津、上海和广东4个省份落在第Ⅰ板块内，扮演着"净溢出板块"角色。落在第Ⅱ板块的省份有4个，扮演着"双向溢出板块"角色，分别是江苏、山东、福建、浙江。第Ⅲ板块、第Ⅳ板块主要由中西部地区的省份组成，其中落在第Ⅲ板块的省份有河北、山西、内蒙古、黑龙江、湖南、四川、贵州、云南和陕西，扮演着"经纪人板块"角色，而第Ⅳ板块省份的数量最多，扮演着"主受益板块"角色，分别是辽宁、吉林、安徽、江西、河南、湖北、广西、海南、甘肃、青海、宁夏和新疆。

三　从产业关联视角，实证检验生产性服务业与制造业协同集聚对雾霾污染的影响

本书指出：①从全国层面来看，生产性服务业与制造业协同集聚、制造业效率及其两者的交互项对雾霾污染的估计系数均显著为负，表明生产性服务业与制造业协同集聚水平和制造业效率的提升有助于抑制雾霾污染，同时生产性服务业与制造业协同集聚可以通过提升制造业效率来进一步降低雾霾污染。②从分时段层面来看，制造业效率、生产性服务业与制造业协同集聚存在消化吸收的过程，在初期对抑制雾霾污染不显著，随着时间的推移抑制作用逐渐显著。③从区域层面来看，生产性服务业与制造业协同集聚、制造业效率以及两者的交互项对内陆地区雾霾污染的抑制作用大于沿海地区。④从行业层面来看，信息传输、计算机服务及软件业与制造业协同集聚对雾霾污染的抑制作用高于其他四个配对组合，但现阶段金融业、房地产业以及科学研究、技术服务和地质勘查业与制造业的协同集聚发展水平不高，对雾霾污染的抑制作用不显著。

四　从空间关联视角出发，实证检验生产性服务业与制造业协同集聚对雾霾污染的影响

本书指出：①生产性服务业与制造业协同集聚对雾霾污染存在明

显的改善作用，在剔除了加工贸易量进行修正后，贸易开放对改善雾霾污染发生实质性的转变，表明改变传统粗放型贸易方式、提升贸易开放质量在抑制雾霾污染上具有立竿见影的效果。②生产性服务业与制造业协同集聚与贸易开放交叉项对雾霾污染存在负向影响，意味着贸易开放带来的规模集聚效应和知识溢出效应能够在一定程度上提升地区的生产性服务业与制造业协同集聚水平和管理创新能力，显著降低单位产值的能耗水平，间接制约集聚外部性对雾霾污染的影响。③分时段检验发现，贸易开放和生产性服务业与制造业协同集聚存在消化吸收的过程，在初期对抑制雾霾污染不显著，随着时间的推移抑制作用变得显著。④贸易开放与生产性服务业与制造业协同集聚对雾霾污染的作用因两者发展的不匹配而存在"门槛效应"，在不同的贸易开放下，生产性服务业与制造业协同集聚对地区雾霾污染的影响差异较大。中、西部地区的贸易开放水平仍然较低，未能形成有效的规模经济，因而需要进一步扩大贸易开放水平，而东部地区绝大多数省份发展进入瓶颈期，对外开放的释放政策红利有限，FDI产生明显的"挤出效应"，致使贸易开放对生产性服务业与制造业协同集聚释放的技术外溢效应有所减弱。

第二节　政策建议

一　打好污染治理的组合拳，推动多策齐放的治霾模式

（一）推动能源革命，采取多方位的雾霾治理手段

首先，推动能源供给革命，截至2015年，中国非化石能源占一次能源消费总量的比重仅为12%，与2020年设定的硬目标（15%左右）还有一定的差距，清洁能源利用效率以及获取能力有待进一步提升。我国应大力发展风能、页岩气、核能、水电、煤层气、太阳能、生物质能等清洁能源，逐步形成以清洁能源为主导，煤炭、石油、天然气为辅助的能源供给体系。其次，推动能源技术革命，本书的收敛性检验表明能源效率有助于实现雾霾污染强度的收敛，但我国的低碳

技术水平相对较低，科技力量在减碳过程中的作用并不明显。今后应加大对清洁能源和可再生能源的科研投资，以低碳技术的应用、创新和扩散为重点，逐步提高能源利用效率。最后，推动能源消费革命，遵循"先控增量，后减存量"的方针，将能源消费细分到各子行业类别，对新增的化石能源消费量进行控制，逐步减少既有化石燃料需求量，优化绿色制造体系，降低高耗能产业比重，同时加大机动车污染治理力度，制定机动车排放标准，对未达排放标准的机动车辆进行淘汰，并积极推广新能源汽车。

（二）促进区际协作，构建区域联防联控治理机制

由上文分析可知，我国雾霾污染程度的省际差异较大，区域差异特征显著，无论是在全国层面还是在区域层面，雾霾污染强度均存在动态累积效应，路径依赖现象较为明显。因此，雾霾治理要突破以往的思维定式，以"共赢思维"取代"零和思维"，进一步构建区域联防联控治理机制，杜绝"各自为战"的治理模式。我们可以借鉴美国的治理经验，根据区域重点污染源的气象、地貌、地势、大气流动的特点，设定"空气域"（Air Basin）范围，组建专门的空气质量管理机构，对大气环境进行统一管理，及时治理大气环境，削弱雾霾污染的动态累积效应，降低其带来的长期负面环境效应。具体来讲，雾霾区域协调管理机制应当由国家权威机关总管和各级政府协管，杜绝因分层管理导致的机构臃肿、政出多门等。同时，我国应当对区域内重点行业和企业进行定期的检查监督，整顿重点放在化工、火电、水泥、煤炭、有色金属等对大气污染严重的企业，并对区域内企业实施排污许可准入制度。

（三）推动政府减排，加大环境规制力度

收敛分析表明，环境规制要素在全国和区域层面主要为负值，且回归系数值较大，说明其对雾霾污染强度收敛具有立竿见影的作用。由于雾霾治理具有长期性和复杂性的特征，因而政府需要扮演"决策者"的角色，加大对治霾机构的科研资金投入力度，彰显科技力量在雾霾治理过程中的作用，注重规制实施的灵活性，制定相关法律政策以对企业经济活动进行宏观调控，严格设定企业节能减排标准，促使

经济、社会、环境三大系统实现共赢。目前，"互联网+"的迅猛发展催生了新动能的快速成长，政府应当以此为发展契机，以培育新动能为突破口，促进企业产业结构的变革，积极构建具有中国特色的绿色制造体系，实现企业经济效应和环保效应的共赢，构建绿色、低碳、循环的产业发展形态。当然，非正式环境规制约束也是必不可少的，政府相关部门应当落实公众参与的环境监督机制，构建区域环境信息公开与共享平台，定期披露区域空气环境情况，引导和鼓励公众参与实际管理，对部分重大项目开设民众听证会，集思广益，接受社会的考核和监管。

（四）保持相对公平，构建区域治霾补偿机制

由于区域历史背景、区位条件、产业结构、政治文化、经济发展、资源禀赋等要素大相径庭，各区域的发展差异明显。由于雾霾治理的收益和成本具有非排他性特征，区域内各单元在享受治霾成果收益的同时，也必须承担治霾的社会成本，但收益与成本具有截然不同的属性，前者存在区域内竞争性，后者存在非区域内竞争性，区域内许多利益群体只愿坐享其成而不愿意承担成本。因此，雾霾治理要坚持相对公平的原则，制定差异化的治理政策。经济发达地区和经济欠发达地区应遵循"共同但有区别的责任"原则，制定雾霾排放指标要充分考虑经济发达地区和欠发达地区的治霾经济成本。具体来看，中部崛起战略和西部大开发战略的持续推进，促使区域间的产业结构不断调整，东部地区部分高污染、高能耗企业内迁，因而经济发达的东部地区有必要对经济欠发达的中、西部地区进行补偿，共同承担治霾的社会运作成本。例如，东部地区可设立治霾专项基金，对中、西部地区压缩"高投入、高耗能、高污染"三高企业造成的经济损失进行补偿，并适当向中、西部地区输送高新技术或内迁高端产业，加快产业结构升级的步伐，补偿其在治霾方面的损失。

二　把握产业协同集聚空间关联特征，优化产业协同集聚关联网络结构

第一，深入了解生产性服务业与制造业协同集聚关联关系及其网络结构特征。前文研究发现中国 30 个省份之间生产性服务业与制造

业协同集聚存在较强的关联性，在空间上开始出现较为显著的"中心-边缘"发展形态，并且不仅存在简单的"一对一"省份之间的关系，而且存在"一对多"和"多对多"省份之间的复杂网络关系，生产性服务业与制造业协同集聚空间溢出效应明显，致使各省份生产性服务业与制造业协同集聚发展任务与周边地区的发展息息相关，在一定程度上增加了地区"双轮驱动"战略的实施难度。

第二，虽然生产性服务业与制造业协同集聚具有显著的地理近邻效应，周边省份可以借助地理近邻效应为地区生产性服务业与制造业协同集聚贡献力量，但是省际生产性服务业与制造业协同集聚的关联关系具有复杂的网络结构特征。目前，中国省际生产性服务业与制造业协同集聚网络关联数和网络密度还不高，有待进一步调整和优化生产性服务业与制造业协同集聚的关联网络结构，提升生产性服务业与制造业协同集聚配置效率，本书为提升区域生产性服务业与制造业协同集聚发展提供新的思考。对于扮演"中心行动者"的省份而言，必须最大化发挥其在区域发展中的重要导向作用，加强与其他省份之间的双向溢出，推动各省份生产性服务业与制造业协同集聚的协同发展；对于扮演"中介行动者"的省份而言，有待提升省份外向联络能力，发挥省份之间沟通的"桥梁"作用；对于扮演"边缘行动者"的省份而言，要积极与周边省份进行全方位合作，充分借鉴其他省份的成功经验。

第三，前文研究指出生产性服务业与制造业协同集聚关联网络具有板块结构特征，即高等级板块向低等级板块产生溢出效应的同时可能缺乏明显的反馈（反向溢出），致使生产性服务业与制造业协同集聚空间网络具有显著的等级特征，表明我国区域间生产性服务业与制造业协同集聚的比较优势未能得到最大化发挥。因而在制定并推行"双轮驱动"战略上，需要因地制宜、实施差别化的方针政策，实现生产性服务业与制造业协同集聚的分类管理。政府部门在制定生产性服务业与制造业协同集聚发展规划时要做到统筹兼顾，既要从全局出发，考虑区域的整体性，加强政府的宏观调控力度；也要结合各省份的发展特点，同周边省份进行协调互助。

三 增强关联产业间知识溢出，促进制造业效率提升

第一，研究结果显示提升制造业效率的确可以改善雾霾污染，因此需要大力实施《中国制造 2025》发展战略，积极推动先进制造业发展，支持绿色清洁生产，推进传统制造业绿色改造，推动建立绿色低碳循环发展体系。一方面，鼓励制造业分离积极发展服务业，大力引导生产性服务业朝专业化与社会化方向发展，培育一批竞争能力强、研发水平高的专业化服务企业；另一方面，不断拓宽制造业产业链长度，增强诸如研发设计、工程管理、金融租赁、设备检测等高端价值链环节的设计，将更多的服务元素纳入最终产品中，进一步提升产业链服务化与产品附加值。

第二，研究结果显示生产性服务业与制造业协同集聚的确可以通过提升制造业效率来改善雾霾污染，因此需要以"双轮驱动"发展战略为契机，积极推动生产性服务业与制造业协同集聚发展，加快构建现代产业体系，增强生产性服务业与制造业关联产业间的知识溢出效应，依靠制造业技术进步来提升制造业效率。具体而言，一方面，充分发挥生产性服务业的集聚经济效应，增加对生产性服务业高端人才和研究创新的投入，引导和培育知识溢出、技术创新机制，积极联合生产性服务业与制造业相关产业科研机构，协力提升整体行业产业技术水平，并借助关联产业间的知识溢出效应提升制造业效率；另一方面，利用生产性服务业"船小好掉头"的优势，推进生产性服务业自动化、制造业服务化模式的融合渗透，加速生产性服务业与制造业的匹配与协同定位，熨平由产业"洼地"造成的集聚经济。

第三，研究结果显示生产性服务业与制造业协同集聚、制造业效率对雾霾污染影响存在显著的区域异质性和行业异质性。对于区域异质性而言，东部地区需要积极推进"双轮驱动"战略，大力扶持战略性新兴产业发展，中、西部地区需要加快生产性服务业发展，促进其与制造业环节的高度融合，逐步淘汰环境污染严重、技术较为落后的企业。对于行业异质性而言，需要针对不同生产性服务业细分行业发展情况制定差异化的方针政策，出台行之有效的措施推动信息传输、计算机服务及软件业，金融业，房地产业，租赁和商务服务业，科学

研究、技术服务和地质勘查业等不同类型生产性服务业与制造业的有机结合与良性互动。

四 破除产业"棘轮效应",实现贸易开放与产业协同集聚匹配发展

第一,推动生产性服务业与制造业的深度融合,破除产业发展中的"棘轮效应"。研究表明,提升生产性服务业与制造业协同集聚水平能够显著抑制雾霾污染,因此,促进两者协同发展刻不容缓。具体而言,必须秉持"双轮驱动"的发展战略,依托"市场无形之手"和"政府有形之手"加强生产性服务业与制造业的融合与渗透,推进传统制造业的转型与升级,鼓励有条件的制造业企业向生产性服务业拓展延伸,借助生产性服务业汇聚所蕴含的人力、知识、技术资本,通过竞争效应、学习效应、专业化效应以及规模经济效应等对制造业的升级形成飞轮效应,引领制造业产业价值链的优化升级,不断沿"微笑曲线"两端服务业延伸产业链条。同时,有待变革制造业企业"大而全""小而全"的扭曲组织结构,着力提升制造业的绿色生产效率,在积极发展先进高端制造业的同时,适度降低服务业准入门槛,吸引周边关联性生产性服务业的进入,鼓励制造业进行外包服务管理,并构建跨边界的生产性服务业与制造业协同集聚模式,以生产性服务业为助推器,培育制造与服务两位一体的多功能产业集群,引导制造业企业向价值链高端攀升。

第二,调整粗放型的外贸增长方式,推动外贸由规模型扩张向质量效益型转变。研究表明,剔除加工贸易后的贸易开放对雾霾污染抑制作用发生实质性的转变,因此,需要由"中国制造"向"中国智造"转变,引领贸易结构走深加工和高附加值路线。具体而言,变革"以进养出"的传统外贸发展战略,构建产、学、研三位一体的技术研发平台,不断提升企业自主创新意识和技术研发能力,对加工贸易的产业链进行前向延伸(提高内资企业研发能力)和后向延伸(增强市场的商业模式创新),提高出口产品的增加值与技术含量。同时,需要增强对自主知识产权的保护,积极培育与创建自主品牌,努力提升贸易标准化的研发能力,实时掌握国际标准化组织的研究动态,积极参与国际标准的制定与颁布，努力促使本国技术标准上升为国际标准，并积极与发达国家建立标准互认机制，进一步推动贸易的多元化发展。

第三，破除贸易开放和生产性服务业与制造业协同集聚的"门槛效应"，实现两者的匹配发展。研究表明，在不同的贸易开放门槛下，生产性服务业与制造业协同集聚对雾霾污染的影响差异较大。因此，在实际操作过程中不能"两张皮"，不可一味为提高生产性服务业与制造业协同集聚水平而追求外贸增长方式的规模型扩张，需因地制宜，统筹地区协调发展。具体而言，中、西部地区的贸易开放水平仍然较低，未能形成有效的规模经济，需要进一步扩大贸易开放水平，借助贸易技术和知识溢出推动生产性服务业与制造业的深度融合，降低单位生产能耗，而东部地区绝大多数省份贸易开放已进入瓶颈期，对外开放的释放政策红利有限，FDI 产生明显的"挤出效应"，应当以转变对外贸易增长方式为抓手，为高质量的贸易结构"腾笼换鸟"，注重向贸易质量效益型发展模式转变。

第三节　不足之处与未来展望

本书以除西藏和港、澳、台地区以外的 30 个省份为研究对象，对我国生产性服务业与制造业协同集聚与雾霾污染的问题做出了较为系统的理论与实证分析。当然，本书只是笔者在读博期间对我国生产性服务业与制造业协同集聚和雾霾污染等问题的一些思考、认识和总结，由于自身知识储备不足，尚存在以下不足之处。

第一，受限于数据可得性，本书主要从宏观层面对生产性服务业与制造业协同集聚与雾霾污染的内在关系进行探讨，缺乏微观层面的检验。由于本书诸多变量无法统计到城市层面，因此本书退而求其次地运用省际层面数据对生产性服务业与制造业协同集聚与雾霾污染的内在关系进行了实证检验。毋庸置疑，本书从宏观层面获取的研究结论有必要得到微观企业数据的支撑。因此在今后的研究中，笔者将进一步挖掘微观数据，从微观层面展开更加细致的研究，使本书的研究更具普遍性和稳健性。

第二，本书研究并未覆盖与国民经济发展密切相关的所有产业。本书以处于转型期的中国经济开始出现阶段性的新特征为契机，基于"双轮驱动"战略研究背景，首次聚焦生产性服务业与制造业协同集聚与雾霾污染问题的研究，将研究重点放在了与生产活动息息相关的生产性服务业与制造业方面，缺乏生活化服务业与制造业、消费性服务业与制造业、公共性服务业与制造业之间的协同集聚对雾霾污染的作用机制与影响效应研究。因此，在今后研究上需要进一步细化，渗透到生活化服务业、消费性服务业、公共性服务业等方面与制造业协同集聚。

第三，未涉及生产性服务业与制造业协同集聚与雾霾污染问题具体案例的研究。本书主要实证分析了生产性服务业与制造业协同集聚对雾霾污染的影响研究，针对实证研究结果提出可行性、差异性的对策建议，对政府在相关政策的制定上具有一定的导向性。然而，现实经济社会中不同地区实际发展存在异质性，生产性服务业与制造业协同集聚发展以及雾霾污染治理上都有着自身独特的发展模式，若能以相关实际案例为例，将理论分析与实际结合起来，则更能凸显本书研究的说服力。因此，今后笔者将进一步结合具体案例展开研究。

参考文献

白俊红、聂亮：《环境分权是否真的加剧了雾霾污染？》，《中国人口·资源与环境》2017 年第 12 期。

白洋、刘晓源：《"雾霾"成因的深层法律思考及防治对策》，《中国地质大学学报》（社会科学版）2013 年第 6 期。

蔡海亚等：《中国雾霾污染强度的地区差异与收敛性研究——基于省际面板数据的实证检验》，《山西财经大学学报》2017 年第 3 期。

蔡海亚、徐盈之：《产业协同集聚、贸易开放与雾霾污染》，《中国人口·资源与环境》2018 年第 6 期。

蔡海亚、徐盈之：《贸易开放是否影响了中国产业结构升级？》，《数量经济技术经济研究》2017 年第 10 期。

蔡敬梅：《产业集聚对劳动生产率的空间差异影响》，《当代经济科学》2013 年第 6 期。

Coyle R.：《大型工业区的环境问题管理：中东欧和前苏联的问题与举措》，《产业与环境》（中文版）1997 年第 4 期。

曹彩虹、韩立岩：《雾霾带来的社会健康成本估算》，《统计研究》2015 年第 7 期。

曹东坡等：《高端服务业与先进制造业的协同机制与实证分析——基于长三角地区的研究》，《经济与管理研究》2014 年第 3 期。

陈国亮、陈建军：《产业关联、空间地理与二三产业共同集聚——来自中国 212 个城市的经验考察》，《管理世界》2012 年第 4 期。

陈国亮：《海洋产业协同集聚形成机制与空间外溢效应》，《经济地理》2015 年第 7 期。

陈建军等:《新经济地理学视角下的生产性服务业集聚及其影响因素研究——来自中国 222 个城市的经验证据》,《管理世界》2009年第 4 期。

陈建军等:《产业协同集聚下的城市生产效率增进——基于融合创新与发展动力转换背景》,《浙江大学学报》(人文社会科学版)2016 年第 3 期。

陈开琦、杨红梅:《发展经济与雾霾治理的平衡机制》,《社会科学研究》2015 年第 6 期。

陈娜、顾乃华:《我国生产性服务业与制造业空间分布协同效应研究》,《产经评论》2013 年第 5 期。

陈蓉、陈再福:《福建省生产性服务业与制造业融合度测算及比较分析》,《福建农林大学学报》(哲学社会科学版)2018 年第 4 期。

陈诗一、陈登科:《雾霾污染、政府治理与经济高质量发展》,《经济研究》2018 年第 2 期。

陈素梅:《北京市雾霾污染健康损失评估:历史变化与现状》,《城市与环境研究》2018 年第 2 期。

陈晓峰、陈昭锋:《生产性服务业与制造业协同集聚的水平及效应——来自中国东部沿海地区的经验证据》,《财贸研究》2014 年第 2 期。

陈晓峰:《生产性服务业与制造业协同集聚的机理及效应:理论分析与经验求证》,博士学位论文,苏州大学,2015 年。

陈晓峰:《长三角城市群生产性服务业与制造业协同集聚研究》,《区域经济评论》2017 年第 1 期。

陈炎飞:《江苏制造业产业集聚及其影响因素研究》,硕士学位论文,中共江苏省委党校,2018 年。

陈子真、雷振丹:《产业协同集聚对区域经济的影响研究》,《区域经济评论》2018 年第 3 期。

代丽华等:《贸易开放是否加剧了环境质量恶化——基于中国省级面板数据的检验》,《中国人口·资源与环境》2015 年第 7 期。

戴小文等:《城市雾霾治理实证研究——以成都市为例》,《财经科学》2016 年第 2 期。

丁科华：《我国生产性服务业集聚与制造业升级研究》，硕士学位论文，中国海洋大学，2015 年。

丁志国等：《中国经济增长的核心动力》，《中国工业经济》2012年第 9 期。

东童童等：《空间视角下工业集聚对雾霾污染的影响——理论与经验研究》，《经济管理》2015 年第 9 期。

东童童：《雾霾污染、工业集聚与工业效率的交互影响研究》，《软科学》2016 年第 3 期。

豆建民、刘叶：《生产性服务业与制造业协同集聚是否能促进经济增长——基于中国 285 个地级市的面板数据》，《现代财经》2016年第 4 期。

杜君君等：《京津冀生产性服务业与制造业协同发展——嵌入关系及协同路径选择》，《科技管理研究》2015 年第 14 期。

樊纲等：《中国市场化进程对经济增长的贡献》，《经济研究》2011 年第 9 期。

冯博、王雪青：《考虑雾霾效应的京津冀地区能源效率实证研究》，《干旱区资源与环境》2015 年第 10 期。

干春晖等：《中国产业结构变迁对经济增长和波动的影响》，《经济研究》2011 年第 5 期。

高寿华等：《生产性服务业与制造业协同集聚研究——基于长江经济带的实证分析》，《技术经济与管理研究》2018 年第 4 期。

顾乃华等：《生产性服务业与制造业互动发展：文献综述》，《经济学家》2006 年第 6 期。

韩晶等：《中国制造业环境效率、行业异质性与最优规制强度》，《统计研究》2014 年第 3 期。

何小钢：《结构转型与区际协调：对雾霾成因的经济观察》，《改革》2015 年第 5 期。

黄群慧：《"新常态"、工业化后期与工业增长新动力》，《中国工业经济》2014 年第 10 期。

黄寿峰：《环境规制、影子经济与雾霾污染——动态半参数分析》，《经济学动态》2016 年第 11 期。

吉亚辉、陈智：《生产性服务业与高技术制造业协同集聚——基于区域创新能力的空间计量分析》，《科技与经济》2018 年第 5 期。

吉亚辉、甘丽娟：《中国城市生产性服务业与制造业协同集聚的测度及影响因素》，《中国科技论坛》2015 年第 12 期。

江曼琦、席强敏：《生产性服务业与制造业的产业关联与协同集聚》，《南开学报》（哲学社会科学版）2014 年第 1 期。

矫萍、林秀梅：《生产性服务业 FDI 与制造业 FDI 协同集聚对制造业增长的影响》，《经济问题探索》2016 年第 6 期。

康雨：《贸易开放程度对雾霾的影响分析——基于中国省级面板数据的空间计量研究》，《经济科学》2016 年第 1 期。

冷艳丽、杜思正：《能源价格扭曲与雾霾污染——中国的经验证据》，《产业经济研究》2016 年第 1 期。

李根生、韩民春：《财政分权、空间外溢与中国城市雾霾污染：机理与证据》，《当代财经》2015 年第 6 期。

李红：《城市效率对制造业和生产性服务业协同发展的作用机制——以广东广西为例》，《城市问题》2018 年第 3 期。

李锴、齐绍洲：《贸易开放、经济增长与中国二氧化碳排放》，《经济研究》2011 年第 11 期。

李宁、韩同银：《京津冀生产性服务业与制造业协同发展实证研究》，《城市发展研究》2018 年第 9 期。

李宁等：《生产性服务业与制造业协同发展机理研究——基于产业、空间、企业活动多维视角》，《技术经济与管理研究》2018 年第 7 期。

李思慧：《产业集聚、人力资本与能源效率》，《财贸经济》2011 年第 8 期。

李筱乐：《市场化、工业集聚和环境污染的实证分析》，《统计研究》2014 年第 8 期。

李欣等：《网络舆论有助于缓解雾霾污染吗?》《经济学动态》

2017 年第 6 期。

李勇刚、张鹏:《产业集聚加剧了中国的环境污染吗——来自中国省级层面的经验证据》,《华中科技大学学报》(社会科学版) 2013 年第 5 期。

梁伟等:《集聚与城市雾霾污染的交互影响》,《城市问题》2017 年第 9 期。

刘伯龙等:《城镇化推进对雾霾污染的影响——基于中国省级动态面板数据的经验分析》,《城市发展研究》2015 年第 9 期。

刘华军等:《中国能源消费的空间关联网络结构特征及其效应研究》,《中国工业经济》2015 年第 5 期。

刘军等:《产业聚集与环境污染》,《科研管理》2016 年第 6 期。

刘生龙、张捷:《空间经济视角下中国区域经济收敛性再检验——基于 1985—2007 年省级数据的实证研究》,《财经研究》2009 年第 12 期。

刘叶、刘伯凡:《生产性服务业与制造业协同集聚对制造业效率的影响——基于中国城市群面板数据的实证研究》,《经济管理》2016 年第 6 期。

刘亦文等:《中国污染物排放的地区差异及收敛性研究》,《数量经济技术经济研究》2016 年第 4 期。

刘玉浩等:《产业协同集聚对制造业效率的影响研究》,《上海管理科学》2018 年第 5 期。

罗能生、李建明:《产业集聚及交通联系加剧了雾霾空间溢出效应吗?——基于产业空间布局视角的分析》,《产业经济研究》2018 年第 4 期。

马丽梅等:《能源结构、交通模式与雾霾污染——基于空间计量模型的研究》,《财贸经济》2016 年第 1 期。

马丽梅、张晓:《中国雾霾污染的空间效应及经济、能源结构影响》,《中国工业经济》2014 年第 4 期。

马忠玉、肖宏伟:《中国区域 PM2.5 影响因素空间分异研究——基于地理加权回归模型的实证分析》,《山西财经大学学报》2017 年第

5 期。

　　毛其淋、盛斌：《对外经济开放、区域市场整合与全要素生产率》，《经济学（季刊）》2012 年第 1 期。

　　倪进峰、李华：《产业集聚，人力资本与区域创新——基于异质产业集聚与协同集聚视角的实证研究》，《经济问题探索》2017 年第 12 期。

　　彭水军等：《贸易开放的结构效应是否加剧了中国的环境污染——基于地级城市动态面板数据的经验证据》，《国际贸易问题》2013 年第 8 期。

　　齐红倩、王志涛：《我国污染排放差异变化及其收入分区治理对策》，《数量经济技术经济研究》2015 年第 12 期。

　　齐绍洲、李锴：《区域部门经济增长与能源强度差异收敛分析》，《经济研究》2010 年第 2 期。

　　齐亚伟：《空间集聚、经济增长与环境污染之间的门槛效应分析》，《华东经济管理》2015 年第 10 期。

　　秦蒙等：《蔓延的城市空间是否加重了雾霾污染——来自中国 PM2.5 数据的经验分析》，《财贸经济》2016 年第 11 期。

　　屈小娥：《异质型环境规制影响雾霾污染的双重效应》，《当代经济科学》2018 年第 6 期。

　　任保平、段雨晨：《我国雾霾治理中的合作机制》，《求索》2015 年第 12 期。

　　邵帅等：《中国雾霾污染治理的经济政策选择——基于空间溢出效应的视角》，《经济研究》2016 年第 9 期。

　　盛丰：《生产性服务业集聚与制造业升级：机制与经验——来自 230 个城市数据的空间计量分析》，《产业经济研究》2014 年第 2 期。

　　石敏俊等：《中国制造业产业结构演进的区域分异与环境效应》，《经济地理》2017 年第 10 期。

　　石庆玲等：《雾霾治理中的"政治性蓝天"——来自中国地方"两会"的证据》，《中国工业经济》2016 年第 5 期。

　　苏红键、魏后凯：《密度效应、最优城市人口密度与集约型城镇化》，《中国工业经济》2013 年第 10 期。

孙传旺等：《碳强度约束下中国全要素生产率测算与收敛性研究》，《金融研究》2010 年第 6 期。

孙军：《地区市场潜能、出口开放与我国工业集聚效应研究》，《数量经济技术经济研究》2009 年第 7 期。

孙浦阳等：《产业集聚对外商直接投资的影响分析——基于服务业与制造业的比较研究》，《数量经济技术经济研究》2012 年第 9 期。

谭洪波：《生产者服务业与制造业的空间集聚：基于贸易成本的研究》，《世界经济》2015 年第 3 期。

唐晓华等：《制造业与生产性服务业协同发展对制造效率影响的差异性研究》，《数量经济技术经济研究》2018 年第 3 期。

王惠琴、何怡平：《雾霾治理中公众参与的影响因素与路径优化》，《重庆社会科学》2014 年第 12 期。

王家庭、张俊韬：《我国城市蔓延测度：基于 35 个大中城市面板数据的实证研究》，《经济学家》2010 年第 10 期。

王书斌：《环境规制约束下中国工业行业雾霾脱钩效应研究》，博士学位论文，东南大学，2016 年。

王小鲁等：《中国分省份市场化指数报告（2016）》，社会科学文献出版社 2017 年版。

王志远等：《城市空间形状与碳排放强度的相关性研究——基于我国 35 个城市的分析》，《城市发展研究》2013 年第 6 期。

魏巍贤、马喜立：《能源结构调整与雾霾治理的最优政策选择》，《中国人口·资源与环境》2015 年第 7 期。

吴建南等：《雾霾污染的影响因素：基于中国监测城市 PM2.5 浓度的实证研究》，《行政论坛》2016 年第 1 期。

吴立军、田启波：《中国碳排放的时间趋势和地区差异研究——基于工业化过程中碳排放演进规律的视角》，《山西财经大学学报》2016 年第 1 期。

伍先福、杨永德：《生产性服务业与制造业协同集聚提升了城镇化水平吗》，《财经科学》2016 年第 11 期。

176

伍先福：《生产性服务业与制造业协同集聚对全要素生产率的影响》，博士学位论文，广西大学，2017年。

伍先福：《生产性服务业与制造业协同集聚提升了全要素生产率吗?》，《财经论丛》2018年第8期。

席强敏、罗心然：《京津冀生产性服务业与制造业协同发展特征与对策研究》，《河北学刊》2017年第1期。

席强敏：《外部性对生产性服务业与制造业协同集聚的影响——以天津市为例》，《城市问题》2014年第10期。

夏后学等：《非正式环境规制下产业协同集聚的结构调整效应——基于Fama-Macbeth与GMM模型的实证检验》，《软科学》2017年第4期。

冼国明、文东伟：《FDI、地区专业化与产业集聚》，《管理世界》2006年第12期。

谢守红、蔡海亚：《中国物流产业的空间集聚及成因分析》，《工业技术经济》2015年第4期。

徐保昌等：《中国制造业企业出口的污染减排效应研究》，《世界经济与政治论坛》2016年第2期。

徐盈之、刘琦：《产业集聚对雾霾污染的影响机制——基于空间计量模型的实证研究》，《大连理工大学学报》（社会科学版）2018年第3期。

许广月、宋德勇：《中国碳排放环境库兹涅茨曲线的实证研究——基于省域面板数据》，《中国工业经济》2010年第5期。

许广月：《碳排放收敛性：理论假说和中国的经验研究》，《数量经济技术经济研究》2010年第9期。

宣烨：《生产性服务业空间集聚与制造业效率提升——基于空间外溢效应的实证研究》，《财贸经济》2012年第4期。

宣烨、余泳泽：《生产性服务业层级分工对制造业效率提升的影响——基于长三角地区38城市的经验分析》，《产业经济研究》2014年第3期。

闫逢柱等：《产业集聚发展与环境污染关系的考察——来自中国

制造业的证据》,《科学学研究》2011 年第 1 期。

严北战:《集群式产业链形成与演化内在机理研究》,《经济学家》2011 年第 1 期。

杨仁发:《产业集聚能否改善中国环境污染》,《中国人口·资源与环境》2015 年第 2 期。

杨仁发:《产业集聚与地区工资差距——基于我国 269 个城市的实证研究》,《管理世界》2013 年第 8 期。

杨嵘等:《产业集聚与雾霾污染的门槛效应研究——以我国 73 个PM2.5 重点监测城市为例》,《科技管理研究》2018 年第 19 期。

杨翔等:《中国制造业碳生产率的差异与收敛性研究》,《数量经济技术经济研究》2015 年第 12 期。

于斌斌、金刚:《中国城市结构调整与模式选择的空间溢出效应》,《中国工业经济》2014 年第 2 期。

于斌斌:《产业结构调整与生产率提升的经济增长效应——基于中国城市动态空间面板模型的分析》,《中国工业经济》2015 年第12 期。

于峰、齐建国:《开放经济下环境污染的分解分析——基于1990—2003 年间我国各省市的面板数据》,《统计研究》2007 年第1 期。

余红伟、张洛熙:《制造业结构升级促进了区域空气质量改善吗？——基于 2004—2013 年省级面板数据的实证分析》,《中国地质大学学报》(社会科学版) 2015 年第 5 期。

余泳泽等:《生产性服务业集聚对制造业生产效率的外溢效应及其衰减边界——基于空间计量模型的实证分析》,《金融研究》2016年第 2 期。

袁冬梅、魏后凯:《对外开放促进产业集聚的机理及效应研究——基于中国的理论分析与实证检验》,《财贸经济》2011 年第12 期。

原毅军、谢荣辉:《产业集聚、技术创新与环境污染的内在联系》,《科学学研究》2015 年第 9 期。

岳书敬、刘朝明：《人力资本与区域全要素生产率分析》，《经济研究》2006 年第 4 期。

臧志彭、崔维军：《中国 30 个制造行业环境友好状况的实证研究》，《科学学与科学技术管理》2008 年第 1 期。

张虎等：《中国制造业与生产性服务业协同集聚的空间效应分析》，《数量经济技术经济研究》2017 年第 2 期。

张华：《地区间环境规制的策略互动研究——对环境规制非完全执行普遍性的解释》，《中国工业经济》2016 年第 7 期。

张军等：《中国省际物质资本存量估算：1952—2000》，《经济研究》2004 年第 10 期。

张可、豆建民：《工业集聚有利于减排吗》，《华中科技大学学报》（社会科学版）2016 年第 4 期。

张学良：《中国交通基础设施促进了区域经济增长吗——兼论交通基础设施的空间溢出效应》，《中国社会科学》2012 年第 3 期。

张振刚等：《生产性服务业对制造业效率提升的影响研究》，《科研管理》2014 年第 1 期。

章韬：《经济地理外部性与城市全要素生产率差异——来自中国地级城市的证据》，《上海经济研究》2013 年第 12 期。

赵放：《制造业与物流业的空间协同集聚及其增长效应研究》，博士学位论文，南开大学，2012 年。

赵楠等：《中国省际能源利用效率收敛性研究》，《统计研究》2015 年第 3 期。

赵玉林、徐涓涓：《武汉生产性服务业发展与制造业升级》，《华中农业大学学报》（社会科学版）2008 年第 5 期。

郑君君等：《基于 Malmquist 指数的房地产开发企业全要素生产率变动及收敛性研究》，《中国软科学》2013 年第 3 期。

钟韵、阎小陪：《我国生产性服务业与经济发展关系研究》，《人文地理》2003 年第 5 期。

周杰琦：《中国碳强度的收敛性及其影响因素研究》，《广东财经大学学报》2014 年第 2 期。

周明生、陈文翔:《生产性服务业与制造业协同集聚的增长效应研究——以长株潭城市群为例》,《现代经济探讨》2018 年第 6 期。

庄德林等:《生产性服务业与制造业协同集聚能促进就业增长吗》,《贵州财经大学学报》2017 年第 5 期。

邹继武:《我国制造业集聚对环境污染的影响研究》,硕士学位论文,湖南科技大学,2016 年。

Anselin L. , "Local Indicators of Spatial Association—LISA", *Geographical Analysis*, Vol. 27, No. 2, April 1995, pp. 93–115.

Arellano M. , Bover O. , "Another Look at the Instrumental Variable Estimation of Error – components Models", *Journal of Econometrics*, Vol. 68, No. 1, July 1995, pp. 29–51.

Arnold J. , et al. , "Does Services Liberalization Benefit Manufacturing Firms? Evidence from the Czech Republic", *Journal of International Economics*, Vol. 85, No. 1, September 2011, pp. 136–146.

Baek J. , et al. , "The Environmental Consequences of Globalization: A Country – specific Time – series Analysis", *Ecological Economics*, Vol. 68, No. 8, June 2009, pp. 2255–2264.

Barro R. J. , "Economic Growth in a Cross Section of Countries", *Quarterly Journal of Economics*, Vol. 106, No. 2, May 1995, pp. 407 – 444.

Billings S. B. , Johnson E. B. , "Agglomeration within an Urban Area", *Journal of Urban Economics*, Vol. 91, No. 1, January 2016, pp. 13–25.

Blackman A. , Kildegaard A. , "Clean Technological Change in Developing–country Industrial Clusters: Mexican Leather Tanning", *Environmental Economics and Policy Studies*, Vol. 12, No. 3, April 2010, pp. 115–132.

Boschma R. , Iammarino S. , "Related Variety, Trade Linkages and Regional Growth in Italy", *Economic Geography*, Vol. 85, No. 3, October 2009, pp. 289–311.

Browning H. C. , Singelmann J. , *The Emergence of a Service Society*: *Demographic and Sociological Aspects of the Sectoral Transformation of the Labor Force in the USA*, Springfield: National Technical Information Service, 1975, pp. 23-25.

Burchfield M. , et al. , "Causes of Sprawl: A Portrait from Space", *The Quarterly Journal of Economics*, Vol. 121, No. 2, May 2006, pp. 587-633.

Chen Z. , et al. , "China Tackles the Health Effects of Air Pollution", *The Lancet*, Vol. 382, No. 9909, December 2013, pp. 1959 - 1960.

Coffey W. , "The Geographies of Producer Services", *Urban Geography*, Vol. 21, No. 2, February 2000, pp. 170-183.

Cole M. A, et al. , "Industrial Characteristics, Environmental Regulations and Air Pollution: An Analysis of the UK Manufacturing Sector", *Journal of Environmental Economics and Management*, Vol. 50, No. 1, July 2005, pp. 121-143.

Combes P. P. , "The Empirics of Economic Geography: How to Draw Policy Implications?", *Review of World Economics*, Vol. 147, No. 3, September 2011, pp. 567-592.

Cui A. , "Yangtze River Delta Economic Integration Strategies Analysis from Producer Services and Manufacture Clusters", *Advances in Information Sciences and Service Sciences*, Vol. 4, No. 22, December 2012, pp. 78-84.

Daniels P. W. , *Service Industries*: *A Geographical Perspective*, New York: Methuen, 1985, pp. 1-15.

De Leeuw F. A. , et al. , "Urban Air Quality in Larger Conurbations in the European Union", *Environmental Modelling & Software*, Vol. 16, No. 4, June 2001, pp. 399-414.

Desmet K. , Fafchamps M. , "Changes in the Spatial Concentration of Employment across US Counties: A Sectoral Analysis 1972-2000", *Jour-*

181

nal of Economic Geography, Vol. 5, No. 3, June 2005, pp. 261-284.

Devereux M., et al., "The Geographic Distribution of Production Activity in the UK", *Regional Science and Urban Economics*, Vol. 34, No. 5, September 2004, pp. 533-564.

Dnniels P., "Some Perspectives on the Geography of Services", *Progress in Human Geography*, Vol. 13, No. 1, March 1989, pp. 427-438.

Duranton G., Overman H. G., "Exploring the Detailed Location Patterns of UK Manufacturing Industries Using Microgeographic Data", *Journal of Regional Science*, Vol. 48, No. 1, February 2008, pp. 213-243.

Duranton G., Overman H. G., "Testing for Localization Using Micro-geographic Data", *The Review of Economic Studies*, Vol. 72, No. 4, October 2005, pp. 1077-1106.

Ellison G., et al., "What Causes Industry Agglomeration: Evidence from Conglomeration Patterns", *The American Economic Review*, Vol. 100, No. 3, June 2010, pp. 1195-1213.

Ellison G., Glaeser E. L., "Geographic Concentration in US Manufacturing Industries: A Dartboard Approach", *Journal of Political Economy*, Vol. 105, No. 5, October 1997, pp. 889-927.

Eswaran M., Kotwal D., "Why are Capitalists the Bosses?", *The Economic Journal*, Vol. 99, No. 3, March 2002, pp. 162-176.

Forslid R., Midelfart K. H., "Internationalisation, Industrial Policy and Clusters", *Journal of International Economics*, Vol. 66, No. 1, May 2005, pp. 197-213.

Fujita M., Hu D., "Regional Disparity in China 1985 - 1994: the Effects of Globalization and Economic Liberalization", *The Annals of Regional Science*, Vol. 35, No. 1, February 2001, pp. 3-37.

Gabe T. M., Abel J. R., "Shared Knowledge and the Coagglomeration of Occupations", *Regional Studies*, Vol. 50, No. 8, August 2016, pp. 1360-1373.

Gallagher R. M., "Shipping Costs, Information Costs, and the Sources of Industrial Coagglomeration", *Journal of Regional Science*, Vol. 53, No. 2, May 2013, pp. 304–331.

Gao J., et al., "Haze, Public Health and Mitigation Measures in China: A Review of the Current Evidence for Further Policy Response", *Science of the Total Environment*, Vol. 578, No. 2, February 2017, pp. 148–157.

Ghani E., et al., *Spatial Development and Agglomeration Economies in Services—Lessons from India*, Washington: The World Bank, 2016, pp. 88.

Goodman B., Steadman R., "Services: Business Demand Rivals Consumer Demand in Driving Job Growth", *Monthly Labor Review*, Vol. 125, No. 4, April 2002, pp. 3–16.

Greenstone M., "The Impacts of Environmental Regulations on Industrial Activity: Evidence from the 1970 and 1977 Clean Air Act Amendments and the Census of Manufactures", *Journal of Political Economy*, Vol. 110, No. 6, December 2002, pp. 1175–1219.

Hansen B. E., "Threshold Effects in Non-dynamic Panels: Estimation, Testing and Inference", *Journal of Econometrics*, Vol. 93, No. 2, December 1999, pp. 345–368.

Hettige H., et al., "Industrial Pollution in Economic Development: the Environmental Kuznets Curve Revisited", *Journal of Development Economics*, Vol. 62, No. 2, August 2000, pp. 445–476.

Hilber C. A. L., Voicu I., "Agglomeration Economies and the Location of Foreign Direct Investment: Empirical Evidence from Romania", *Regional Studies*, Vol. 44, No. 3, April 2010, pp. 355–371.

Hosseini H. M., Kaneko S., "Can Environmental Quality Spread through Institutions?", *Energy Policy*, Vol. 56, No. 3, May 2013, pp. 312–321.

Hosseini H., Rahbar F., "Spatial Environmental Kuznets Curve for Asian Countries: Study of CO_2 and PM10", *Journal of Environmental*

Studies, Vol. 37, No. 58, September 2011, pp. 1-14.

Huang R. J. , et al. , "High Secondary Aerosol Contribution to Particulate Pollution during Haze Events in China", *Nature*, Vol. 514, No. 7521, October 2014, pp. 218-222.

Humphrey J. , Schmitz H. , "How Does Insertion in Global Value Chains Affect Upgrading in Industrial Clusters?", *Regional Studies*, Vol. 36, No. 9, December 2002, pp. 1017-1027.

Javorcik B. S. , Wei S. J. , "Pollution Havens and Foreign Direct Investment: Dirty Secret or Popular Myth?", *Contributions in Economic Analysis and Policy*, Vol. 3, No. 2, February 2005, pp. 1244.

Jia S. , et al. , "Effect of APCF Policy on the Haze Pollution in China: A System Dynamics Approach", *Energy Policy*, Vol. 125, No. 2, February 2019, pp. 33-44.

Ke S. , et al. , "Synergy and Co-agglomeration of Producer Services and Manufacturing: A Panel Data Analysis of Chinese Cities", *Regional Studies*, Vol. 48, No. 11, November 2014, pp. 1829-1841.

Keeble D. , Wilkinson F. , *High - technology Clusters*, *Networking and Collective Learning in Europe*, Aldershot: Ashgate, 2002, pp. 263.

Koh H. J. , Riedel N. , "Assessing the Localization Pattern of German Manufacturing and Service Industries: A Distance-based Approach", *Regional Studies*, Vol. 48, No. 5, May 2014, pp. 823-843.

Kolko J. , Neumark D. , "Does Local Business Ownership Insulate Cities from Economic Shocks?", *Journal of Urban Economics*, Vol. 67, No. 1, January 2010, pp. 103-115.

Kolko J. , *Urbanization*, *Agglomeration and Co-agglomeration of Service Industries*, Chicago: University of Chicago Press, 2010, pp. 151-180.

Krugman P. , *Geography and Trade*, Cambridge: MIT Press, 1991, pp. 142.

Laplante B. , Rilstone P. , "Environmental Inspections and Emissions of the Pulp and Paper Industry in Quebec", *Journal of Environmental Eco-*

nomics and Management, Vol. 31, No. 1, July 1996, pp. 19-36.

Leeuw F. A., et al., "Urban Air Quality in Larger Conurbations in the European Union", *Environmental Modelling & Software*, Vol. 16, No. 4, June 2001, pp. 399-414.

Li H., et al., "Chemical Partitioning of Fine Particle-bound Metals on Haze-fog and Non-haze-fog Days in Nanjing, China and its Contribution to Human Health Risks", *Atmospheric Research*, Vol. 183, No. 1, January 2017, pp. 142-150.

Lindmark M., "An EKC-pattern in Historical Perspective: Carbon Dioxide Emissions, Technology, Fuel Prices and Growth in Sweden 1870-1997", *Ecological Economics*, Vol. 42, No. 1, August 2002, pp. 333-347.

Marconi D., "Environmental Regulation and Revealed Comparative Advantages in Europe: is China a Pollution Haven?", *Review of International Economics*, Vol. 20, No. 3, June 2012, pp. 616-635.

Markusen J. R., "Trade in Producer Services and Other Specialized Intermediate Inputs", *American Economic Review*, Vol. 79, No. 1, March 1989, pp. 85-95.

Marshall A., *Principles of Economics: An Introductory Volume*, London: Macmillan, 1980, pp. 858.

Matus K., et al., "Health Damages from Air Pollution in China", *Global Environmental Change*, Vol. 22, No. 1, February 2012, pp. 55-66.

McAusland C., Millimet D. L., "Do National Borders Matter? Intra-national Trade, International Trade, and the Environment", *Journal of Environmental Economics and Management*, Vol. 65, No. 3, May 2013, pp. 411-437.

Motallebi N., "Winter Time PM2. 5 and PM10 Source Apportionment at Sacramento, California", *Journal of the Air & Waste Management Association*, Vol. 49, No. 9, December 1999, pp. 25-34.

Mukim M. , "Coagglomeration of Formal and Informal Industry: Evidence from India", *Journal of Economic Geography*, Vol. 15, No. 2, September 2013, pp. 329-351.

Ottaviano G. I. P. , et al. , "Agglomeration and Trade Revisited", *International Economic Review*, Vol. 43, No. 2, May 2002, pp. 409-435.

Poon J. P. H. , et al. , "The Impact of Energy, Transport and Trade on Air Pollution in China", *Eurasian Geography and Economics*, Vol. 47, No. 5, September 2006, pp. 568-584.

Quah E. , Boon T. L. , "The Economic Cost of Particulate Air Pollution on Health in Singapore", *Journal of Asian Economics*, Vol. 14, No. 1, February 2003, pp. 73-90.

Ren W. , et al. , "Urbanization, Land Use, and Water Quality in Shanghai: 1947 - 1996", *Environment International*, Vol. 29, No. 5, August 2003, pp. 649-659.

Rusche K. , et al. , "Measuring Spatial Co-agglomeration Patterns by Extending ESDA Techniques", *Jahrbuch Für Regionalwissenschaft*, Vol. 31, No. 1, June 2011, pp. 11-25.

Selya R. M. , "Taiwan as a Service Economy", *Geoforum*, Vol. 25, No. 3, August 1994, pp. 305-322.

Shorrocks R. , "The Class of Additively Decomposable Inequality Measures", *Econometrica*, Vol. 48, No. 3, April 1980, pp. 613-625.

Simonen J. , et al. , "Specialization and Diversity as Drivers of Economic Growth: Evidence from High-Tech Industries", *Papers in Regional Science*, Vol. 94, No. 2, June 2015, pp. 229-247.

Tao M. , et al. , "Formation Process of the Widespread Extreme Haze Pollution over Northern China in January 2013: Implications for Regional Air Quality and Climate", *Atmospheric Environment*, Vol. 98, No. 12, December 2014, pp. 417-425.

Ushifusa Y. , Tomohara A. , "Productivity and Labor Density: Agglomeration Effects over Time", *Atlantic Economic Journal*, Vol. 41,

No. 2, June 2013, pp. 123-132.

Venables A. J. , "Equilibrium Locations of Vertically Linked Industries", *International Economic Review*, Vol. 37, No. 2, May 1996, pp. 341-359.

Verhoef M. J. , et al. , "Assessing Efficacy of Complementary Medicine: Adding Qualitative Research Methods to the Gold Standard", *The Journal of Alternative & Complementary Medicine*, Vol. 8, No. 3, June 2002, pp. 275-281.

Virkanen J. , "Effect of Urbanization on Metal Deposition in the Bay of Toolonlahti, Southern of Finland", *Marine Pollution Bulletin*, Vol. 36, No. 9, September 1998, pp. 729-738.

Wasserman S. , Faust K. , *Social Network Analysis: Methods and Applications*, London: Cambridge University Press, 1994, pp. 28.

Xing Y. , Kolstad C. D. , "Do Lax Environmental Regulations Attract Foreign Investment?", *Environmental and Resource Economics*, Vol. 21, No. 1, January 2002, pp. 1-22.

Yusuf S. , "Intermediating Knowledge Exchange between Universities and Businesses", *Research Policy*, Vol. 37, No. 8, September 2008, pp. 1167-1174.

Zeng D. Z. , Zhao L. , "Pollution Havens and Industrial Agglomeration", *Journal of Environmental Economics and Management*, Vol. 58, No. 2, September 2009, pp. 141-153.

Zhang M. , et al. , "Economic Assessment of the Health Effects Related to Particulate Matter Pollution in 111 Chinese Cities by Using Economic Burden of Disease Analysis", *Journal of Environmental Management*, Vol. 88, No. 4, September 2008, pp. 947-954.

后　记

　　惊风飘白日，光景驰西流。从本科到博士，辗转无锡和南京两个城市，几砚昔年游，于今成十秋。二十二载求学路，一路风雨泥泞，许多不容易，如梦一场。很有幸在有着"以科学名世"之美誉的东南大学完成博士阶段的学习，回首在东南大学的求学之路，心中充满了酸甜苦辣，一时之间，感慨万千，其间经历的喜悦与痛苦、坚持与彷徨等都使我受益匪浅，加深了对人生的理解和感悟。逝去的帧帧画面在脑海中反复播放，笔下虽有千言，却依旧不知从何说起。

　　学高为师，德高为范。感激导师徐盈之教授能给我攻读博士研究生的机会，自此我开始了在东南大学的博士求学生涯。本书是作者在东南大学读博期间的主要成果。恰逢博士生导师徐盈之教授获批国家社科基金重点项目"新常态下我国雾霾防治模式与机制研究"（15AJY009），入学后我便围绕导师的国家社科基金项目开始研究，将研究焦点集中在低碳经济与管理研究领域，帮助导师一起完成此项目。

　　为了更好地进入学习状态，早日出高质量的研究成果，三年多来，无论酷暑还是寒冬，无论工作日还是节假日，在完成课业任务的前提下，办公室、食堂、宿舍"三点一线"的生活模式已经成了我日常不可或缺的组成部分。有时会因为取得了一个小突破而欣喜若狂，会因为录用一篇文章而开心不已，也常常因为找不到问题解决的方式而愁眉紧锁。在撰写本书的过程中，遇到了诸多挑战和困难。但是，正是这些挑战和困难让我不断成长和进步，让我更加坚定地追求知识和真理。前期虽然对研究内容有了比较完整的系统设计，研究深入才发现研究结果并非设计所愿。对于整体的研究目的、意义、价值的升华，产业经济和环境经济领域研究现状、前沿研究观点、国家社会经济发展重大战略等关键问题的把握并不够，因此在如何分解研究内容、合理搭建研究架构、选择行之有效的研究方法等方面容易捉襟见肘。

在写作的过程中，有时会陷入写作的困境，难以找到最为合适的表达方式。有时会遇到研究数据难以获取，需要耗费大量的时间成本和精力成本来收集和整理数据信息。同时，也深刻地认识到不论在理论研究还是实践应用层面，知识均具有无限性和复杂性，每个领域都有其特定的广度、深度和高度。本书只是对环境经济学某一领域的一个细分片段进行探索，还有诸多未涉及的内容和问题。因此，我希望将本书作为一个起点，继续深入研究和探索，不断拓展自己的知识和视野。

"师者，传道授业解惑也"。感谢导师徐盈之教授这三年来对我孜孜不倦的教诲，不厌其烦地与我进行邮件往来与电话联系，她严谨的治学态度给我留下了深刻的印象。在她的鼓励和精心指导下，开始了我的学术之路，也取得了一些小成绩，发表了多篇 CSSCI 学术论文。记得第一次参加国际学术会议，第一次撰写课题申报书，第一次撰写课题研究报告，第一次撰写课题成果报告，第一次撰写课题结项报告，均从您身上学到了很多的宝贵经验。尤为重要的是，在她的指导和建议下，我明确了博士论文的大方向，从博士论文选题、开题、修改、定稿，无不倾注了导师大量的时间和精力，可以说没有导师的指导，可能要走更多的弯路，花费更多的时间，寥寥数语不足以表达对导师的感激！

在此我还要感谢东南大学经济管理学院的各位领导与老师，尤其是陈淑梅教授、傅兆君教授、刘修岩教授、岳书敬教授、虞斌副教授等开授的经济学核心课程，以及其他在博士研究生期间教导过我的老师们，在学习和学术研究上给我树立了良好的榜样，教会了我很多理论知识和分析问题的方法。在此，十分感激老师们对我的教育和指导！

追梦一路必当孤独饮尽，而读博就是一个极端孤独的过程。感谢身边好友的一路陪伴与支持，让枯燥无味的生活忽然有了光亮。感谢B栋315工作室的同门，有勤于思考的二师兄王书斌，有办事稳重的三师兄郭进，有勤恳踏实的四师兄刘晨跃，有文静聪慧的六师妹范小敏，有开朗大方的七师妹孙煜，还有众多出类拔萃的师弟师妹王晶晶、朱忠泰、严春蕾、刘琦、王秋彤、陈艳、顾沛、童皓月、魏瑞、徐菱，能与你们一起在B栋315的学习时光，我会永远铭记，珍藏心底！感谢橘园10栋101的室友刘骏斌、何鹏、潘世富，有了他们才有了那些阳光明媚、聊天游玩以及共同奋斗的美好时光。

感谢优秀的博士同窗好友，尤其是同窗好友卞元超、南永清、王彦芳、周丽君等，时常听见他们或成功或幸福的消息，也激励着我向他们看齐。在这校园里，有了他们的关心和帮助，我的求学之路不再孤单，我的博士研究生生涯充满了活力与温馨。很庆幸能够在人生最美好的年纪遇见他们。

感谢深爱我的父母、姐姐和其他亲朋好友，没有他们的鼓励我也不会考取硕士研究生，更不会考取博士研究生，他们最无私的爱给予我勇往直前的勇气，我将永远铭记他们的教诲，做一个积极进取、对社会有贡献的人。感谢我的硕导江南大学商学院谢守红教授和师母傅春梅老师、盐城工学院经济管理学院赵永亮院长、焦微玲副院长和潘坤友副院长，感谢他们对我博士期间学习和工作的关心。

蔡海亚
于盐城工学院仁和楼B304
2023年5月12日